Automatic Control of Machining Processes
and Its Implementation in MATLAB

加工过程的自动控制

及其MATLAB实现

姚锡凡　编著

华南理工大学出版社
SOUTH CHINA UNIVERSITY OF TECHNOLOGY PRESS

·广州·

内 容 简 介

本书在简述加工过程控制系统组成及相关知识的基础上，构建加工过程模型，并利用 MATLAB 分析所建立的模型，进而系统地设计和实现加工过程的自动控制各种算法，包括 PID 控制、鲁棒控制、自适应控制、模糊控制、神经网络控制、专家控制、混合控制等，同时给出加工过程自动控制的实验结果和相应的算法源程序。本书适合从事生产自动化、机械工程、机电一体化的研究人员和工程技术人员阅读，也可作为机械工程及自动化、机电工程、工业自动化等专业的硕士研究生和高年级本科生的教材。

图书在版编目（CIP）数据

加工过程的自动控制及其 MATLAB 实现/姚锡凡编著 . —广州：华南理工大学出版社，2019.5

ISBN 978 – 7 – 5623 – 5959 – 3

Ⅰ. ①加… Ⅱ. ①姚… Ⅲ. ①Matlab 软件 – 应用 – 机床 – 自动控制系统 – 研究 Ⅳ. ①TG502. 35

中国版本图书馆 CIP 数据核字（2019）第 065794 号

加工过程的自动控制及其 MATLAB 实现
姚锡凡 编著

出 版 人：卢家明
出版发行：华南理工大学出版社
　　　　　（广州五山华南理工大学 17 号楼，邮编 510640）
　　　　　http：// www. scutpress. com. cn　E-mail：scutc13@ scut. edu. cn
　　　　　营销部电话：020 – 87113487　87111048（传真）
责任编辑：詹志青
印 刷 者：佛山市浩文彩色印刷有限公司
开　　本：787mm×1092mm　1/16　印张：12.5　字数：252 千
版　　次：2019 年 5 月第 1 版　2019 年 5 月第 1 次印刷
定　　价：40.00 元

前　言

　　本书较全面而系统地介绍了加工过程自动控制各种算法，包括常规控制、现代控制和智能控制等。根据加工过程的特点、应用广泛性和自动控制发展趋势，在众多的控制算法和研究中，有所着重和取舍。在加工过程的常规控制算法中，着重介绍了 PID 控制。PID 控制目前在工业生产中仍获得最为广泛的应用，是其他控制算法的基础之一，并且与其他控制算法结合而形成诸如自适应 PID、智能 PID 等。在加工过程的现代控制算法中，着重介绍自适应控制。自适应控制是现代控制算法的典型代表，在加工过程控制的应用方面研究较多，并取得了较多研究成果和一定的实际应用。鲁棒控制是现代控制的研究热点之一，为具有不确定模型的加工过程控制提供了一种新思路。智能控制是当今自动控制研究的前沿热点和重点，其特点之一是不依赖被控对象的数学模型。由于传统自动控制依赖对象模型，而加工过程具有非线性、时变性和不确定性，因此发展不依赖或少依赖加工过程模型的智能控制是十分必要和具有重要的实用价值的；另外，由于不同控制算法各有其优缺点和适用范围，有必要将两种乃至多种不同的控制技术结合起来，克服单一控制技术的不足，形成功能更完善、更强大的混合控制系统。

　　全书共分 12 章。第 1 章介绍加工过程控制系统组成及相关概念与最流行的控制仿真语言——MATLAB 语言，以便读者对自动控制系统及其仿真有一个总体认识；第 2 章介绍加工过程的模型及其特性，以便读者对加工过程的非线性、时变性、不确定性和非最小相位特性有所了解；第 3 章和第 4 章是有关控制系统的数学模型与转换、系统的响应与根轨迹，这两章是控制系统的分析、设计与仿真的基础；第 5、6、7、8、9、10、11 章分别介绍加工过程的 PID 控制、鲁棒与优化 PID 控制、自适应控制、模糊控制、神经网络控制、专家控制、混合控制，是本书的重点和主要内容；第 12 章是有关加工过程控制算法的实验验证。在本书编写过程中，作者参阅和引用了课题组张毅、常少莉、邹伟全、刘志良等硕士研究生的成果以及其他相关研究者的论著，在此对这些论著的作者深表感谢。需要本书例题程序的读者，可到本书出版社的网站(htpp://www. scutpress. com. on)下载。

本书是在总结作者近些年教学与研究成果，特别是在国家自然科学基金(项目编号 50175029、59905008、59585006)资助所获得的研究成果基础上，进一步系统化、实用化而成的，具有以下特点：

(1) 新颖与系统性。本书不仅介绍了加工过程的常规控制和现代控制，而且还介绍了近些年发展起来的加工过程智能控制。取材新颖，重点突出，包括 PID 控制、鲁棒控制、自适应控制、模糊控制、神经网络控制、专家控制、混合控制等内容。

(2) 结合工程实际应用。以加工过程为具体的研究对象，结合生产的实际情况，考虑了诸如非线性、时变性和不确定性等特点，具有非常强的工程性和实用性。

(3) 便于自学和直接应用。书中提供了大量经调试运行的源程序，以及经生产实践所得成果，便于读者自学和直接使用与借鉴。

本书适用于从事生产自动化、机械工程、机电一体化的研究人员和工程技术人员阅读，可作为机械工程及自动化、机电工程、工业自动化等专业的硕士研究生和高年级本科生的教材。

疏漏不妥之处，请读者不吝批评指正。

作　者
2019 年 1 月

目　　录

1 绪 论

本章讨论加工过程计算机控制的基本概念。首先介绍加工过程控制系统的组成和控制算法，然后阐述加工过程的自动控制与计算机控制相关知识，接着讨论控制系统的计算机控制及其未来发展趋势，最后介绍在控制领域的分析与设计研究中最有影响和最为有效的编程语言——MATLAB 语言。

1.1 加工过程控制系统的组成

一个闭环控制系统由被控制对象、控制器和检测装置等环节组成，图 1 – 1 所示为一个加工过程的负反馈控制系统。

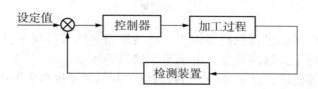

图 1 – 1　加工过程的负反馈控制系统框图

图 1 – 1 中的控制器根据设定值与过程的输出之差按照某种算法或规律运算，其输出结果作为控制量。而按调节规律的不同，控制器算法可分为经典控制（如 PID 控制和前馈控制等）、现代控制（如自适应控制和变结构控制等）及智能控制（如专家控制和模糊控制等），如图 1 – 2 所示。

由于控制方法众多，本书不可能对每种方法都详细介绍。后面各章将结合加工过程的特点，分别介绍具有代表性和应用较多的加工过程控制系统，如 PID 控制、自适应控制和模糊控制等。PID（比例积分微分）控制是经典控制算法的代表，在工业生产中获得最为广泛的应用。在加工过程控制的研究中，PID 控制早期研究较多，现在大多集中于自适应控制和智能控制的研究，但 PID 算法是其他控制算法的重要基础，并且与其他控制算法结合而形成诸如自适应 PID、智能 PID 等。此外，其他控制算法的优劣还往往要与 PID 控制进行比较后才能显现出来。自适应控制是现代控制算法的主要代表，在加工过程控制的应用研究较多，并取得了较多的研究成果。鲁棒控制是现代控制的研究热点之一，为模型具有不

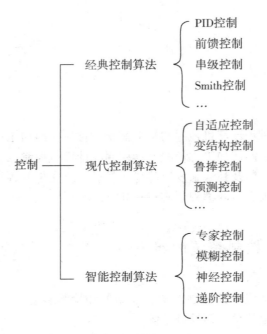

图 1 - 2   控制算法的分类

确定和非线性的加工过程控制提供了一种新思路。加工过程的智能控制经过 20 多年发展已取得了大量的成果。由于基于知识的控制（专家控制）存在控制实时性和机器学习等问题，目前对加工过程智能控制的研究较多集中于模糊控制和神经网络控制，特别是加工过程的模糊控制取得了丰富的研究成果，是目前加工过程控制的研究热点之一。

1.2   加工过程的自动控制

自动控制理论自创立至今大致经过了三个阶段的发展：第一个阶段为 20 世纪初开始形成并于 50 年代趋于成熟的经典反馈控制理论；第二个阶段为 50—60 年代在线性代数的数学基础上发展起来的现代控制理论；第三阶段为 60 年代中期已开始萌芽，在发展过程中综合了人工智能、运筹学、信息论等多学科成果的智能控制理论。控制理论与制造工程紧密结合已成为现代制造科学发展的一个重要趋势。加工过程的自动控制与控制理论发展类似，也经历了从经典控制、自适应控制到智能控制的发展历程。

如图 1 - 3 所示，第一阶段是初级阶段，以经典控制理论为主要基础，包括 PID 控制、前馈控制、串级控制、Smith 控制。第二阶段是发展阶段，以现代控制理论为主要基础，以微型计算机和高档仪表为工具，对较复杂的对象进行控制，包括克服对象特性时变和环境干扰等不确定影响的自适应控制，消除因模型失配而产生不良影响的预测控制等。第三阶段是高级阶段，以人工智能为主要基础，以计算机及其网络为工具，包括专家控制、模糊控制、神经网络控制等。

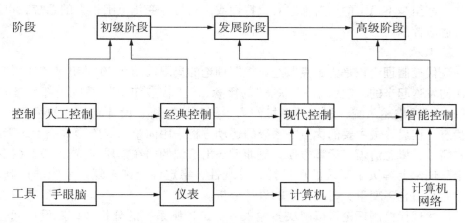

图 1-3　加工过程控制发展示意图

数控机床的研究成功使机械制造业发生一次技术革命，也使机械加工自动化发展进入了一个新阶段。在传统的数控机床上，由编程人员预先确定好切削速度及进给速度等，而这些预先给定的工艺参数，与编程人员的经验和知识有关，这些参数往往不是最优的，而且一旦确定下来就不能随切削条件的变化而改变。机床的自动控制正是为了适应不同切削条件的需要而发展起来的，其主要思想是在加工过程中随时实测某些状态参数，并且根据预定的评价指标（如最大生产率、最低加工成本、最好加工质量等）或约束条件（恒切削力、恒切削速度、恒切削功率等），及时自动地修正输入参数，使切削过程达到最佳状态，以获得最优的切削效益。

1. 经典控制

在 20 世纪 30 至 40 年代期间，Nyquist 提出稳定性的频率判据；Bode 在频率法中引入对数坐标系；Harris 引入传递函数概念，Evans 提出根轨迹法，从而奠定了经典控制理论的基础，到 20 世纪 50 年代，该理论趋于成熟。

经典控制理论主要研究单输入单输出线性定常系统，采用频率响应法，以传递函数为数学工具，根据幅值裕度、相位裕度、超调量和调节时间等性能指标来确定校正装置。系统的综合手段是输出反馈和校正，综合的目标是使系统在满足性能指标要求的同时具有足够的稳定裕量，以此来保证系统在对象特性发生变化和外部干扰影响下仍能保持可接受的控制品质。

在加工过程控制领域中，固定增益的 PID 控制往往被称为"固定增益自适应控制"。但从自动控制原理上来说，这种 PID 控制系统不是真正的自适应系统，而仅仅是普遍的反馈系统而已。研究表明，PID 控制系统对加工过程内部特性的变化和外部扰动的影响具有一定的抑制能力。但由于 PID 控制器参数是固定的，当系统内部特性变化或者外部扰动的变化幅度很大时，系统的性能常常会大幅度下降，甚至是不稳定的。对那些对象特性或扰动特性变化范围很大的系统，可采用自适应控制。

2. 现代控制

现代控制理论正是为了克服经典控制理论的局限性而在 20 世纪 50 年代末 60 年代初发展起来的，它引用了"状态"的概念，用"状态变量"（系统内部变量）及"状态方程"描述系统，利用计算机作为系统建模分析、设计和仿真的手段。采用状态方程后，最主要的优点是系统的运动方程采用向量、矩阵形式表示，因此形式简单、概念清晰、运算方便，更能反映出系统的内在本质与特性。现代控制理论从理论上解决了系统的可控性、可观性、稳定性及许多复杂系统的控制问题，尤其适合多变量、时变系统的设计分析。

虽然现代控制理论可以解决多输入多输出控制系统的分析和控制设计问题，但仍然采用被控对象数学模型进行分析与综合，而模型的精确程度对控制系统性能有很大影响。被控对象准确的数学模型是难以获得的，在建模过程（包括机理建模与辨识）中必要的假设与简化是必不可少的。也就是说，工业过程中的被控对象的模型总包含未建模动态部分。由于它的存在有时会使控制系统的品质大大恶化，有时甚至使自适应控制系统发散。除了被控对象的上述不确定性以外，工业生产过程中的干扰也十分复杂，它们的统计特性往往是未知的，有时甚至是不确定的，难以采用随机控制理论，这给设计控制系统带来很大的困难。虽然自适应控制假设被控对象的不确定性可用其数学模型中的未知参数来描述，通过在线估计未知参数来克服干扰和不确定性，但实现比较复杂，特别是存在非参数不确定性时，难以保证系统的稳定性。为了保证实际系统对外界干扰、系统的不确定性等有尽可能小的敏感性，引发了研究系统鲁棒控制问题。20 世纪 80 年代出现的 H_∞ 设计方法和变结构控制推动了鲁棒控制理论的发展。

始于 20 世纪 50 年代末 60 年代初的加工过程自适应控制，可分为优化自适应控制（adaptive control optimization，ACO）和约束自适应控制（adaptive constraint control，ACC）两大类，其中 ACO 系统的研究侧重于刀具磨损模型的辨识与建模、切削用量的实时优化算法等方面。由于 ACO 系统中性能指标与控制变量之间存在严重的非线性，加上需要对刀具磨损进行在线检测，使得 ACO 系统寻优过程的期望动态特性的获得变得异常困难，因而难以满足实际加工过程的需要。由于在线检测的局限性和加工过程模型的不确定性，ACO 自适应控制在加工生产上应用不普遍。而 ACC 系统保持约束（切削力、功率等）的恒定，可通过工艺技术指标的充分利用来间接地使粗加工的生产率最大，还可提高零件加工精度。由于不用经济技术指标，回避了刀具磨损在线检测这一至今仍未得到解决的难题，因而得到较快的发展和更深入的研究。

加工过程的约束型控制，可分为常规控制（固定增益控制）、自适应控制和智能控制等。由于被加工的工件几何形状、材料特性和刀具磨损等，导致加工过程的模型具有时变性和不确定性，因此那些采用增益固定不变的常规控制器，在加工过程模型参数发生较大变化时，使控制系统的性能严重地恶化，甚至变得不稳定。由于自适应控制能根据加工过程的参数变化而自动调整控制器的参数，因此获得了人们更多的关注和重视。

图 1-4 是约束自适应控制（ACC）示意图，当背吃刀量或切削宽度增大时，进给速度相应地减小，而采用普通方法加工时，采用固定的进给速度（图中虚线、进给速度按最恶劣条件设定），其进给速度较低，生产率也较低。

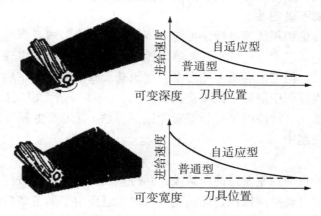

图 1-4 约束自适应控制

加工过程的 ACC 又可分为三种形式：可变增益的自适应控制、模型参考自适应控制（MRAC）和极点配置自校正（STR）控制。可变增益自适应调整方案旨在确保系统的开环增益稳定。模型参考自适应控制和极点配置自校正控制都是建立在模型参数估计有效的基础上，由于加工过程具有时变性，因此需要实时在线辨识过程模型，而加工过程的非线性使得辨识变得困难和实时控制受到影响。当加工过程的模型具有非最小相位特性时，就不能采用常规的 MRAC，要用修正的MRAC 或极点配置自校正控制，但修正的 MRAC 算法或 STR 算法较为复杂。由于加工过程模型的非线性、时变性、不确定性和非最小相位特性，使得基于模型的自适应控制在加工生产上的应用受到一定的限制。

鲁棒控制是现代控制的研究热点之一。所谓鲁棒控制，就是设计一种控制器，使得当系统存在一定程度的参数不确定性及一定程度的未建模动态时，闭环系统仍能保持稳定，并保持一定的动态性能品质的控制。鲁棒控制实际上是在一定的外部干扰和内部参数变化作用下，用一个结构和参数都是固定不变的控制器，来保证即使不确定性对系统的性能品质影响最恶劣时仍满足设计要求。鲁棒控制是一类研究不确定系统控制方法的总称，除了传统上的 H_∞ 鲁棒控制，还包括变结构控制和定量反馈控制等。变结构控制作为一种鲁棒控制设计方法，在连续与离散的加工系统中获得了应用。由于定量反馈理论具有较好的工程应用背景且与经典控制方法相接近，在加工过程应用研究中也颇受青睐。

自适应控制和鲁棒控制都是为了克服系统中所包含的不确定性，以达到优化控制的目的，然而，自适应控制是以自动调节控制器的参数，使控制器与被控对象和环境达到良好的"匹配"来消除不确定的影响的。从本质上来说，自适应控制是通过对与控制质量有关因素的估计，以补偿的方法来克服干扰和不确定性；而鲁棒控制是在一定的外部干扰和内部参数变化作用下，以提高系统的不灵敏度为宗旨，来抵御不确定性。

经典控制理论和现代控制理论可称为传统控制理论，两者都是建立在对象数学模型的基础上。尽管自适应控制和鲁棒控制在一定程度上减少现代控制理论对数学模型的依赖，但它们本质上还是没有摆脱基于数学模型的定量化思想，传统控制在加工过程应用中遇到了困难。与此同时，一些所谓无模型控制方法（如模糊控制、专家系统、神经网络控制等智能控制方法）应运而生并且蓬勃发展，运用到加工过程控制中。

3. 智能控制

智能控制是自动控制发展的新阶段，其特点之一是不依赖被控对象的数学模型。由于传统的自动控制依赖过程模型，而加工过程由于加工参数的影响而具有严重的不确定性和时变性，因此发展不依赖或少依赖加工过程模型的智能控制是十分必要的，同时也是适应加工系统的高度集成化和智能化的需要。1980 年 Matsushima 等首先研究了机床的智能控制，此后对加工过程的智能控制进行了广泛的研究，包括加工过程的专家控制、模糊控制和神经网络控制等领域。专家控制是专家系统与自动控制技术的结合，它利用被控对象与人操作控制的各种知识来弥补传统控制因难以建立对象模型而无法进行有效控制的不足。模糊控制的本质是将人的操作经验用模糊关系来表示，通过模糊推理和决策方法来对复杂过程进行有效的控制，具有不依赖被控对象模型和鲁棒性强等特点，为非线性和不确定性的复杂系统控制提供了良好的途径。神经网络因其具有并行计算、分布式信息存储、非线性映射能力和自适应学习能力，已在控制领域表现出其独特的潜力。专家控制、模糊控制和神经网络控制各具特点，对它们的研究为具有非线性、时变性和不确定性的加工过程控制提供了新的有效途径和方法。需要指出的是，智能控制并不排斥包括自适应控制在内的传统控制，而是继承和发展，它们各有所长，如专家系统与传统控制相结合而形成一种递阶智能控制，其中专家系统完成组织级、协调级的智能调度，而执行级用传统控制方法作为对象的直接控制。

1.3　控制系统的基本要求

评价一个控制系统的好坏，其指标是多种多样的。对每一个具体系统来说，由于控制对象不同，工作方式不同，完成的任务不同，因此对系统性能的要求往往也不完全一样，甚至差异很大。但是，对控制系统的基本要求（基本性能）一般可以归纳为稳定性、快速性和准确性。

1. 系统的稳定性

稳定性的要求是控制系统正常工作的首要条件，而且是最重要的条件，它表征着一个系统能够恢复其平衡态的能力特性。一个系统如果不稳定，其运动就不受预定的约束，受控量将忽大忽小，产生振荡，或使运动发散而不能达到原定的工作状态。因此，一个控制系统要完成令人满意的工作，首先应该是稳定的，即应该具有这样的性质：输出量对给定的输入量的偏离随着时间增长逐渐趋近于零。同时，稳定性的要求应该考虑到满足一定的稳定裕度，以便照顾到系统工作时参数可能发生的变化，以免由此变化而导致系统失稳。

2. 响应的快速性

在系统稳定性的前提下，响应的快速性是衡量系统性能的一个很重要的指标，它表征系统瞬态运动趋于平衡态的速度特性。所谓快速性，是指当系统的输出量与给定的输入量之间产生偏差时，消除这种偏差的快慢程度。衡量一个系统响应的快速性一般有两种方法：一种方法是，在阶跃信号作用下，用系统跟随的瞬态响应时间来衡量。瞬态响应时间（也称过渡时间或调整时间）越小，说明系统从一个稳态过渡到另一个稳态所需要的时间越短，反之则越长。另一种方法是，用在过渡过程中系统出现的超调量来衡量，超调量越小，则说明系统的过渡过程进行得越平稳。

3. 响应的准确性

响应的准确性是指在过渡过程结束后输出量与给定的输入量的偏差，也称为静态偏差，它表征系统稳态运动与目标平衡态的误差特性。当由一个稳态过渡到另一个稳态时，总希望输出量尽量接近或复现给定的输入量，即要求稳态精度尽可能高。由于外界干扰和给定输入量经常在变化，系统处在不断调整的过程中，但在一定时间内，系统的输出大致可以视为是不变的。

可见，对于控制系统，人们要求系统中被控对象的行为应尽可能迅速而准确地实现它所应遵循的变化规律。

1.4　计算机控制

控制理论与计算机技术相结合，产生了计算机控制理论与技术。含有计算机并且由计算机完成部分或全部控制功能的控制系统，都可以称为计算机控制系统。随着计算机应用技术的日益普及，计算机在控制工程领域中也发挥着越来越重要的作用，它在控制系统中的应用主要可分为以下两个方面。

(1)利用计算机帮助工程设计人员对控制系统进行分析、设计、仿真以及建模等工作，从而大大减轻了设计人员的繁杂劳动，缩短了设计周期，提高了设计质量，这方面的内容简称为计算机辅助控制系统设计(computer aided control system design，CACSD)或控制系统 CAD，这是计算机在控制系统方面的离线应用。

(2)利用计算机代替常规的模拟控制器，而使它成为控制系统的一部分。这种有计算机参与控制的系统简称为计算机控制系统，这是计算机在控制系统中的在线应用。计算机控制系统与通常的模拟反馈系统最突出的差别是控制规律由数字计算机来实现。由于数字计算机具有采集、传送、存储、处理大量数据的能力，使自动控制进入了以计算机为主要控制设备的新阶段。

计算机与自动控制的结合日益密切和广泛，不仅能实现复杂的控制规则，而且被控对象已从单一回路扩展到企业生产过程的管理和控制。计算机控制系统按功能来分有顺序控制、程序控制、直接数字控制、计算机监督控制、分级控制和分布控制等；按控制规律来分，则有 PID 控制、最优控制、自适应控制、模糊控制、神经网络控制和专家控制等。本书主要按控制规律来介绍加工过程的计算机控制。

计算机控制系统由计算机、被控制对象、输入输出通道和检测装置等环节组成，因强调计算机作为控制系统的一个重要的组成部分而得名。计算机通过输入通道将采样得到的数据，按预定的控制规律进行运算，并通过输出通道把计算结果转换成模拟量(或直接以数字量输出)去控制被控对象，使被控制量达到预期的目标。计算机的高速度、高精度、集成化、大容量、多功能，特别是日趋完善和功能强大的各种控制软件的支持，使它参与各类过程的控制有着广阔的前景。

CACSD 专用于研究控制系统的建模、分析、设计与仿真。因为它与控制理论、控制系统紧密相联，利用不断汲取的计算机技术新成果，加速设计过程，优化设计结果，并具有直观、快捷、准确等优点，所以，CACSD 自研究开发以来就显示出了其极强的生命力，因而在控制理论的研究、教学、工程设计和工业生产中发挥着重大作用，已成为控制理论研究与教学不可缺少的工具。世界各国控制界普遍重视 CACSD，开展了一系列专门的研究，取得了卓著的成效，北美西欧各大学都在使用 CACSD 软件进行教学和科研。CACSD 学术组织陆续成立，CACSD 学术会议也在不断开展。

CACSD 形成于 20 世纪 60 年代末 70 年代初，是随着计算机技术和控制理论的发展、实际应用的需要以及算法的突破而形成和发展起来的。

在第一台数字电子计算机问世以前和问世以后不久，控制系统的建模、分析、设计、仿真，主要依据的是经典控制理论，形成了一套行之有效的工程化设计方法，如根轨迹图、奈魁斯特图、伯德图的使用等，只靠试探法手工设计就可以满足控制系统分析设计的需要，无须计算机的介入，而且初期计算机性能差，编程难，不易交互，只用来处理数值计算问题。20 世纪 50 年代中期，航天技术的需求导致了现代控制理论的状态空间法的产生和发展，它不仅特别适于各种空间问题，更重要的是，现代控制理论是以线性空间和矩阵理论为基础，对控制系统进行定量分析与设计，能够借助计算机进行必要的运算。空间问题中分析设计的计算量很大，且随着系统的阶数呈几何级数上升，有了计算机的参与，才使人工难以完成的运算得以进行。20 世纪 60 年代大型机批处理运作方式使频率响应、时间响应、根轨迹、仿真等运算成为可能，世界各地各院所都有自己编写的各种各样的运算程序。欧美逐渐形成可联合使用的各种算法子程序库，但它们几乎没有软件可移植性、可兼容性及可重用性，数据难以通用，当时也没有任何商用软件。20 世纪 70 年代随着主机(mainframe)终端访问的实现，开始出现各种交互综合功能软件用于一次完成控制系统分析设计和仿真等不同任务，专用于控制问题的商用软件大量涌现。这些软件一般规模很大，难以修改和扩充，控制系统设计者不得不亲自编写自己需要的专用软件。1980 年，Moler 于 Lund Institute of Technology 召开的关于控制系统数值计算的学术会议上，正式公开宣布了矩阵数值计算软件 MATLAB 开发成功。MATLAB 的问世在控制界产生了巨大的影响，现已成为最有影响和最为有效的 CACSD 编程语言。

特别自 1993 年以来，MathWorks 公司相继推出了不同版本的 MATLAB。国内已陆续出版了介绍 MATLAB 的专著，使用 MATLAB 的单位和个人也不断增加。随着 MATLAB 版本的不断升级，其所含的工具箱的功能也越来越丰富，因此应用范围也越来越广泛，已成为涉及数值分析的各类设计不可或缺的工具。本书将利用 MATLAB 和相应的 Simulink 对加工过程进行分析、设计、仿真研究。

1.5 加工过程控制发展趋势

随着控制对象规模的扩大和制造过程复杂性的加大以及人工智能技术、信息论、系统论和控制论的发展,人们试图从更高层次上研究智能控制问题,尤其是当今随着制造系统朝数字化、网络化、智能化方向发展,特别是以智能制造为主要特征的第四次工业革命到来,作为智能制造重要基础技术的加工过程智能控制迎来新的发展机遇。展望未来,加工过程自动控制将在纵横两个方面得到发展。

(1)走向与 CAD/CAM 的纵向深度集成。虽然现在制造业 CAD/CAM 技术已经普及,但加工过程自动控制与 CAD/CAM 并没有很好地结合起来。当前企业普遍使用的 NC 加工编程标准还是半个世纪前所开发的 ISO6983(G/M 代码),这种代码主要包括简单的轴运动指令(如 G01、G02)和辅助指令(如 M03、M08),而不包含零件几何形状、刀具路径生成、刀具选择等信息。ISO6983 中的有限低层次的信息表达,难以应用于智能控制,因为无法直接使用 CAD/CAM 系统中提取的丰富高层次的信息。而新兴的数控标准 STEP-NC(standard for the exchange of product data for numerical control)可将产品模型数据转换标准 STEP 扩展到 CNC 领域,STEP-NC 数据模型能够为加工过程自动控制提供高层次的丰富信息,为数控机床利用自动控制方法提高加工性能以及在实际生产中普及应用提供了机会。

(2)走向与其他设备互联的横向广度集成。随着互联网发展,特别是近些年兴起的物联网发展,未来数控加工设备必然走网络化与智能化,并联接到万物互联的信息物理生产系统乃至社会信息物理生产系统中,形成基于数据全面感知、收集、分析、共享的人机物协同制造,利用无所不在的物联网感知收集各种各类的相关数据,通过对所收集的(大)数据进行深度分析,挖掘出有价值的信息、知识或事件,自主地反馈给业务决策者,并根据设备健康状态、当前和过去信息以及情境感知,主动配置和优化制造资源,从而实现感知、分析、定向、决策、调整、控制于一体的主动生产。在此大背景下,不仅当前已获得广泛关注的 ACC 会得到更大的发展和普及,而且因当前测试技术限制而面临困境的 ACO 也会因此获得重生和发展。

1.6 MATLAB 简介

MATLAB 的含义是矩阵实验室(matrix laboratory)。经过十几年的完善和扩充,它已发展成为线性代数课程的标准工具。它集数值分析、矩阵运算、信号处理和图形显示于一体，构成了一个方便的、界面友好的用户环境。在这个环境下，对所要求解的问题，用户只需简单地列出数学表达式，其结果便以数值或图形方式显示出来。

MATLAB 不仅可完成基本代数运算操作，而且可完成矩阵函数运算。它还提供了丰富的实用函数命令，可以用 Help 命令得到有关使用这些函数的详细说明，此外，还可根据自己的需要，编写函数。MATLAB 具有非常强的数值计算、图形和可视化能力，其编程效率要比传统的计算机语言（如 BASIC，FORTRAN 或 C 语言等）高出几倍，比如用 MATLAB 语言的一个语句（函数）就可实现二维或三维图形的作图，不仅编程效率高，而且还可得到较高质量的图形。

MATLAB 的基本运算单元是复数矩阵，它包含了实数和复数矢量、常量及多项式、传递函数等。与其他高级语言一样，MATLAB 也提供了条件转移语句、循环语句等一些常用控制语句，流程控制通过 if、else、for、while 等语句来完成，其格式与 C 等计算机语言相似。

MATLAB 中包括被称为工具箱（TOOLBOX）的各类应用问题的求解工具，如控制系统工具箱、系统辨识工具箱、模糊控制工具箱、神经网络工具箱等。

交互式的模型输入与仿真环境 Simulink 工具箱是 MATLAB 软件的扩展，主要用于动态的仿真。它在 Windows 中提供了建立系统模型所需的大部分类型模块，用户只需用鼠标选择所需模块复制在模型窗口上，双击模块，对其进行参数设定，然后用鼠标将它们连接起来，就构成一个系统的仿真框图。然后可以通过选择仿真菜单，设定仿真控制运行参数，启动仿真过程，其仿真结果可以通过 Scope 等模块显示出来。

MATLAB 可以利用图形用户界面（graphical user interface，GUI）设计环境工具（GUI design environment，GUIDE）直接进行功能按钮编排、控件属性设定、图形位置排列对齐、操作区设定等。这样，用户就可以根据实际的需求以及个人爱好，将研究成果用图形的方式表示出来。GUI 易于将图形表现得多元化，不需要一行行地用程序指令去设定，只要用鼠标选择即可。在回调（callback）处理模式下，也可以用程序设计方式将各个相关的处理程序集成为单一的处理系统，使研究成果表现得更好。GUI 的设计很简单，只需用鼠标选择即可增减对象，并且可将数个图形合并到一个图形上，增强了可视性，强化了展示（demo）的功能。利用 GUI 开发的程序同样可以在 MATLAB 命令窗口环境下执行，所以 GUI 的兼容性很强。

有关 MATLAB 的详细内容，请参阅有关文献。虽然 MATLAB 与其他高级语言有许多相同之处，但 MATLAB 本身具有以下特点：

1. 工作空间

MATLAB 启动后就进入其工作空间(workspace)，在工作空间可直接进行数学运算并显示运算结果，如图 1 – 5 中运算 $3^2 + \cos(\pi/2)$，显示结果 ans = 9，因此 MATLAB 被称为纸式演算语言。

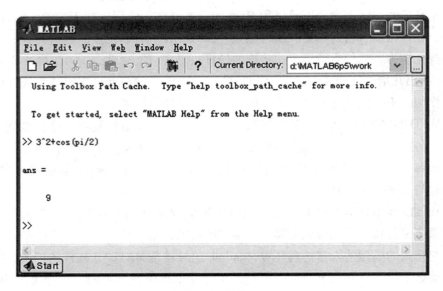

图 1 – 5　工作空间

2. 矩阵与运算

MATLAB 最基本和最重要的功能是进行矩阵运算。向量可以认为是只有一行或一列的矩阵，标量(一个数)可以看作只有一个元素的矩阵，向量和标量都可作为特殊矩阵来处理。在工作空间输入一个如下的 3 × 3 矩阵：

A = [1 2 3; 4 5 6; 7 8 9]

得到结果：

A =

　　1　　2　　3
　　4　　5　　6
　　7　　8　　9

如果在表达式的最后加上";"结束，运算结果将不在屏幕上显示，但得到的结果是一样的。在建立矩阵时，元素之间空格和","意义相同，";"起到换行符的作用。在 MATLAB 中可以利用特殊函数构造特殊矩阵，如 zeros( )、ones( )等。

可用":"来表示行或列的所有元素,如 A(2,:)表示矩阵 A 的第 2 行,即有:

ans =

    4   5   6

":"也用来构造向量,在增量的前后加上冒号,如:

B = [1:2:10]

B =

    1   3   5   7   9

矩阵运算有加(+)、减(−)、乘(∗)、除(/或\)、转置(′)等,如:

C = A + [1 1 1; 2 2 2; 3 3 3]

C =

    2   3   4

    6   7   8

   10 11 12

A′

ans =

    1   4   7

    2   5   8

    3   6   9

数组(向量)运算按元素进行,如对矩阵 A 的第 2 行的各元素求平方得:

A(2,:).^2

ans =

   16   25   36

3. 在线帮助

通过 MATLAB 的在线帮助功能,可获得有关函数的用法,并有具体实例供参考学习,是经常用到的工具。

(1)help   在 MATLAB 工作空间,键入 help 和命令或函数,就可获得该命令或函数用法和相关信息。

(2)lookfor   在 MATLAB 工作空间,键入 lookfor 和关键词,就可获得该关键词的相关信息。

(3)Help 菜单   通过 MATLAB 工作空间中的 Help 菜单,可以对选项和条目进行浏览和查询。

4. 作图

绘图函数有 plot ( )、subplot( )和 mesh( )等。

（1）plot( )　　用于绘制二维图形，如绘制 $y = \sin(x)$：

x = 0：0.01：6 * pi；

y = sin(x)；

plot(x, y)；

grid；

title('{\ity} = sin({\itx})')

xlabel('\itx')

ylabel('\ity')

gtext('sin({\itx})')

运行上述语句后，得到图 1-6 所示的结果。绘图函数可以对各种线型、颜色等图形特性进行设置，详见有关帮助文件。title 用于标示图题；xlabel 用于标示 x 轴的名称；ylabel 用于标示 y 轴的名称；gtext 用于鼠标在指定的图形加入文字说明，"\it"将后续文本字体变为斜体。另外，MATLAB 还可显示希腊字母等特殊字符，如用"\zeta"显示"ζ"，"\Omega"显示"ω"等。

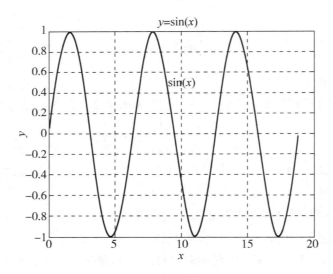

图 1-6　plot(x,y)绘图

（2）subplot( )　　将图形窗口分割为若干个子窗口，其基本格式为：

subplot(m, n, p)

上述函数的功能是将窗口分割为 m 行 n 列个子窗口，p 指定了当前窗口。

（3）mesh( )　　用于绘制三维图形，如运行以下语句：

z = peaks(25)；

mesh(z)；

xlabel('X')

ylabel('Y')

zlabel('Z')

将得到图 1 - 7 所示的结果。

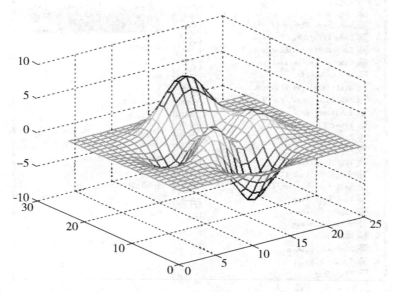

图 1 - 7　用 mesh( )函数绘制的三维图

5. Simulink

Simulink 与用户交互接口是基于 Windows 的图形编程方法,因此非常易于被用户所接受,使用十分灵活方便。在 MATLAB 命令窗口键入 simulink 按回车键,或按工具栏上的 █ 按钮,或以打开 mdl 文件方式进入 Simulink 浏览器或模块库(见图 1 - 8)。与 Simulink 目录并列的有 24 项作为 Simulink 浏览器的第一层目录,Simulink 目录下还有 13 项子目录。

可用 Simulink 的 File(文件)菜单(或快捷工具栏按钮 ▯ ▣)建立一个新 mdl 文件或打开一个已有的 mdl 文件。通过鼠标点击 - 拖放功能,将 Simulink 模块库提供的所需标准模块拷贝到建立的模块窗口(mdl 文件)中,可以用鼠标对各个模块进行连接,并设置相应子模块参数、仿真算法参数,以便进行仿真。mdl 文件窗口的主菜单有 File(文件)、Edit(编辑)、View(查看)、Simulation(仿真)、Format(格式)、Tools(工具)和 Help(帮助)。

图 1 - 8　Simulink 浏览器

2 加工过程的模型与分析

在进行加工过程控制研究之前，首先要对加工过程的模型及其特点有所了解和认识。本章从机理上推导出加工过程模型，并结合实验所获得的模型，来说明加工过程的模型特性，最后用仿真方法来分析参数变化对切削力模型的影响。

2.1 加工过程模型

加工过程模型如图 2 – 1 所示，由伺服机构、切削过程和检测装置等环节组成。

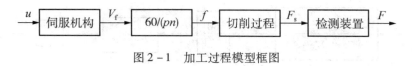

图 2 – 1　加工过程模型框图

伺服环节可用一个二阶系统表示：

$$V_f = \frac{K_n \omega_n^2}{s^2 + 2\zeta\omega_n s + \omega_n^2} u , \tag{2 – 1}$$

式中，s 为复域中的复数，即拉氏变换的算子；V_f 为进给速度，mm/s；u 为伺服输入，V；K_n 为伺服增益，mm/(V·s)；ω_n 为伺服系统的自然频率，rad/s；ζ 为阻尼系数；f 为进给量，mm/r，可表示为：

$$f = \frac{60}{pn}V_f, \tag{2 – 2}$$

式中，n 为主轴转速，r/min；p 为铣削时刀具的齿数；车削及钻削时 $p = 1$。

静态的切削力 F_s 可表示为：

$$F_s = K_s a f^m = (K_s a f^{m-1})f, \tag{2 – 3}$$

式中，K_s 为切削比力，N/mm²；m 为指数（一般 $m < 1$），K_s、m 都取决于工件材料和刀具形状；a 为背吃刀量，mm。

根据不同加工过程特性，F_s 动态过程也可由式（2 – 3）表示。假设 $m = 1$，其动态过程可用一个一阶过程来表示：

$$\frac{F_s(s)}{f(s)} = \frac{K_s a}{\tau s + 1}, \tag{2 – 4}$$

式中，τ 为时间常数。最后经过传感器测量，得到的实测切削力 F 可表示为：

$$F = K_e F_s, \tag{2-5}$$

式中，K_e 为测力仪转换系数。其动态过程可表示为[3]：

$$F = \frac{K_e}{\tau_e s + 1} F_s, \tag{2-6}$$

式中，τ_e 为测力仪的响应时间常数。一般情况下，测力仪等电子仪器相对于加工过程来说，其响应过程是非常快的，因而切削力用式(2-5)来表示即可。

根据上述分析，不同的加工过程，其参数是不同的，所得到的相应模型是不同的；即使是同一加工过程，采样时间不同，也会得到不同的离散化模型。由式(2-1)~式(2-3)和式(2-5)可得到模型1。

【模型1】　加工过程模型如图2-2所示。可用公式表示为：

$$\frac{F(s)}{u(s)} = \frac{K\omega_n^2}{s^2 + 2\zeta\omega_n s + \omega_n^2}, \tag{2-7}$$

式中，K 为加工过程总增益，

$$K = 60K_n K_s K_e a f^{m-1} / (pn)。 \tag{2-8}$$

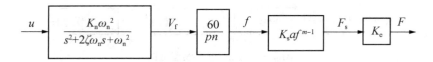

图2-2　加工过程的模型1

从式(2-8)可以看出，加工过程模型的增益 K 随背吃刀量、主轴转速和进给量的变化而变化。

【模型2】　铣削加工过程传递函数如表2-1所示。

表2-1　铣削加工过程模型参数(主轴转速为550r/min 时)

背吃刀量 a/mm	阻尼系数 ζ	自然频率 ω_n/(rad·s^{-1})	过程增益 K/(N·V^{-1})
1.91	0.1	2.3	128
2.54	0.6	2.89	142
3.81	0.9	2.97	306

用于把离散信号转换为连续信号的装置，称为保持器。在此，如果采用零阶保持器，式(2-7)的离散模型可表示为：

$$G(z) = \frac{F(z)}{u(z)} = \frac{b_1 z + b_0}{z^2 + a_1 z + a_0}, \tag{2-9}$$

式中，a_1、a_0、b_1 和 b_0 为 z 变换的系数。

当取采样周期 $T = 0.05s$，对表 2-1 所表示的传递函数分别进行离散化，得到如图 2-3 所示的结果，z_1、z_2、z_3 为对应传统函数的零点。

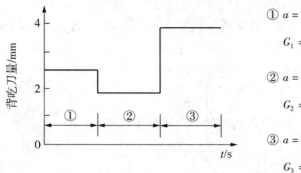

① $a = 2.54\text{mm}$；$z_1 = -0.9533$

$$G_1 = \frac{F(z)}{u(z)} = \frac{1.3907z + 1.3257}{z^2 - 1.8218z + 0.8409}$$

② $a = 1.91\text{mm}$；$z_2 = -1.0021$

$$G_2 = \frac{F(z)}{u(z)} = \frac{0.8346z + 0.8363}{z^2 - 1.9642z + 0.9773}$$

③ $a = 3.81\text{mm}$；$z_2 = -0.9151$

$$G_3 = \frac{F(z)}{u(z)} = \frac{3.0861z + 2.8242}{z^2 - 1.7461z + 0.7655}$$

图 2-3　背吃刀量与传递函数

【模型 3】　非线性铣削加工过程的传递函数如下：

$$\frac{V_f(s)}{u(s)} = \frac{0.6}{\left(\dfrac{s}{35} + 1\right)\left(\dfrac{s}{150} + 1\right)} \text{。} \tag{2-10}$$

对于非线性切削过程，可用一个变增益（K_g）的一阶动态系统来表示：

$$\frac{F(s)}{V_f(s)} = \frac{K_g}{\dfrac{s}{b} + 1}, \tag{2-11}$$

式中，极点为 $-b$；K_g 与背吃刀量、切削宽度、转速和进给速度有关（见表 2-2）。

表 2-2　铣削加工过程模型参数

模型	主轴转速/ （r·min⁻¹）	进给速度/ （mm·min⁻¹）	轴向背吃刀量/ mm	径向背吃刀量/ mm	增益 K_g/ （N·s·mm⁻¹）	$-b$
G1	955	380	33.8	3.2	6360	-5
G2	955	250	33.8	6.4	8586	-2.8
G3	955	250	33.8	3.2	7473	-4
G4	1448	890	33.8	0.75	4725	-3.2
G5	1448	890	25	1.5	7723	-2.6
G6	1448	1780	25	2.5	6814	-5.5

由式(2-10)和式(2-11)得加工过程模型为:

$$\frac{F(s)}{u(s)} = \frac{0.6K_g}{\left(\dfrac{s}{35}+1\right)\left(\dfrac{s}{150}+1\right)\left(\dfrac{s}{b}+1\right)} \text{。} \tag{2-12}$$

式(2-12)所表示的模型为三阶系统,由于极点 $s=-b$ 与极点 $s=-150$ 相差悬殊,在采样周期取 0.02s 时,上式可简化为:

$$\frac{F(s)}{u(s)} = \frac{0.6K_g}{\left(\dfrac{s}{35}+1\right)\left(\dfrac{s}{b}+1\right)} \text{。} \tag{2-13}$$

另外,加工过程还可以用一个带延迟的一阶惯性环节表示,即

$$\frac{F(s)}{u(s)} = \frac{K}{T_1 s + 1}e^{-\tau s}, \tag{2-14}$$

式中,K 为过程增益;T_1 为过程时间系数,两者均是铣削深度的函数。式(2-14)也可以看作是式(2-7)所示的二阶系统阻尼系数较大时的拟合。

此外,切削力除了与进给量 f 有非线性关系外,往往还与切深有非线性关系,即

$$F_s = K_s a^n f^m, \tag{2-15}$$

式中,n 为指数(一般 $n>1$,铣削过程的典型值为 1.4)。此时式(2-8)还可以表示为:

$$K = 60K_n K_s K_e a^n f^{m-1} / (pn) \text{。} \tag{2-16}$$

不论是从理论上的推导(见式(2-7)、式(2-8)、式(2-16),$m\neq1$、$n\neq1$),还是从实验数据(见表 2-1 和表 2-2)来看,切削加工过程都具有非线性。

加工过程模型随背吃刀量、主轴转速、加工材料、刀具形状和磨损程度不同而不同,因而具有时变性。同一个加工过程模型,当采样周期不同时,会得到不同的离散化模型,甚至变为非最小相位系统。如图 2-3 中的离散化传递函数 $G_2(z)$,因为有一个零点位于单位圆外($z=-1.0021$),因此已变为一个非最小相位系统。

实际加工过程要比理论推导出的模型复杂得多,甚至无法用合适的数学表达式来表示。此外,实际系统还存在其他因素,如机械传动的间隙、元件的不灵敏区和输出饱和特性等。

加工过程由多个动态环节构成,属于高阶动态系统,但为了研究方便,将实际加工系统简化成低阶系统,并往往对加工过程作线性化处理,这只是一种非常粗糙的近似。此外,对加工过程认识的局限性、测量的不确定性、模型回归的准确程度、材质不均、电压与负载变化以及加工环境等因素影响,使得加工过程的模型存在不精确性和不确定性。

2.2　加工过程模型的仿真分析

下面用 MATLAB 语言对上述的模型 1 进行不同参数对切削力影响的仿真分析。在 MATLAB 中，变量驻留于工作空间，前面运行的程序，相同的变量可能会影响到当前程序运行和结果，可用 clear 语句，或【Edit\Clear Workspace】命令清除。

1. 指数 m 的影响

例 2-1　加工过程如 2.1 节所述的模型 1，其中 $n = 600\text{r/min}$，$K_n = 1\text{mm/(V·s)}$，$K_s = 1670\text{N/mm}^2$，$K_e = 2$，$a = 2\text{mm}$，$\zeta = 0.5$，$p = 1$，$\omega_n = 20\text{rad/s}$。

当 $m \neq 1$ 时，加工过程为非线性系统。图 2-4 所示为 m 取不同的数值时所得到的单位阶跃响应。从图中可见，当指数 m 远离 1 值时，若仍然取 $m = 1$，对加工过程系统强求作线性化处理，则会产生较大误差。图 2-4 是用 MATLAB 的 plot 语句所作的二维图形，详细程序如下：

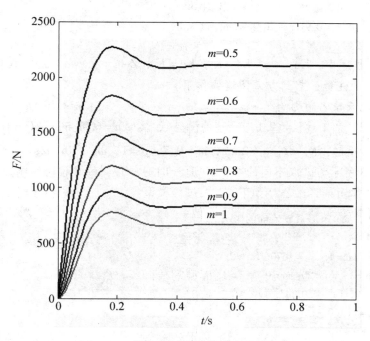

图 2-4　指数 m 对单位阶跃响应的影响

```
% exa2_1. m. 指数 m 的影响
clear all
n = 600; Kn = 1; Ks = 1670; Ke = 2;
a = 2; Zeta = 0. 5; p = 1; wn = 20; i = 1;
t = 0: 0. 01: (1 - 0. 01);
for m = 0. 5: 0. 1: 1
num = [Kn * wn^2];
den = [1, 2 * Zeta * wn, wn * wn];
Vf = step(num, den, t);
f = Vf. * 60/(p * n);
F(: , i) = Ke * a * Ks * (f. ^m);
i = i + 1;
end
plot(t, F);
xlabel('{ \ itt} /s'), ylabel('{ \ itF} /N')
gtext('{ \ itm} = 0. 5'); gtext('{ \ itm} = 0. 6');
gtext('{ \ itm} = 0. 7'); gtext('{ \ itm} = 0. 8');
gtext('{ \ itm} = 0. 9'); gtext('{ \ itm} = 1');
```

注：在程序中，$Kn = K_n$，$Ks = K_s$，$Ke = K_e$，$Zeta = \zeta$，$wn = \omega_n$。跟在"%后面文字为程序的注释，起到方便阅读的作用。

2. 阻尼系数 ζ 的影响

例 2 - 2　加工过程如 2. 1 节所述的模型 1，其中 $n = 600$r/min，$K_n = 1$mm/(V·s)，$K_s = 1670$ N/mm^2，$K_e = 2$，$a = 2$mm，$m = 0. 7$，$p = 1$，$\omega_n = 20$rad/s。

图 2 - 5 所示为 ζ 取不同的数值（0. 1 ～ 1）时所得到的单位阶跃响应。用 mesh 语句作出立体图，详细程序如下：

```
% exa2_2. m. 阻尼系数 Zeta 的影响
clear all
n = 600; Kn = 1; Ks = 1670; Ke = 2;
a = 2; p = 1; wn = 20; m = 0. 7; i = 1;
t = [0: 0. 01: (1 - 0. 01)]';
for Zeta = 0. 1: 0. 1: 1
num = [Kn * wn^2];
den = [1, 2 * Zeta * wn, wn * wn];
Vf = step(num, den, t);
f = Vf. * 60/(p * n);
F(: , i) = Kn * a * Ks * (f. ^m);
```

```
i = i + 1;
end
Zeta = [0.1:0.1:1]';
mesh(Zeta, t, F);
xlabel('\it\zeta')
ylabel('{\itt}/s')
zlabel('{\itF}/N')
```

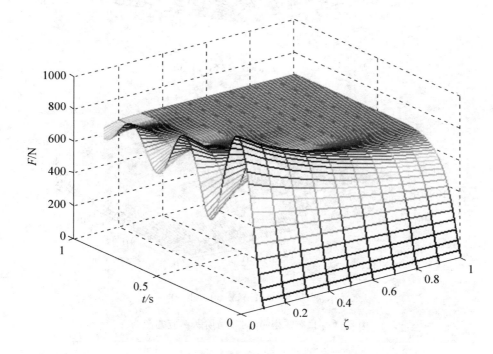

图 2-5　阻尼系数 ζ 对单位阶跃响应的影响

从控制理论得知，当 $0 < \zeta < 1$ 时，系统为欠阻尼系统，此时系统的响应必然存在振荡现象；当 $\zeta > 1$ 时，系统为过阻尼系统，此时系统的响应不存在振荡现象，这可从图 2-5 中看到 ζ 对系统动态响应的影响。

3. 自然频率 ω_n 的影响

例 2-3　加工过程如 2.1 节所述的模型 1，其中 $n = 600$ r/min，$K_n = 1$ mm/(V·s)，$K_s = 1670$ N/mm^2，$K_e = 2$，$a = 2$ mm，$m = 0.7$，$p = 1$，$\zeta = 0.5$，$\omega_n = 20$ rad/s。

ω_n 对系统阶跃响应的影响如图 2-6 所示，用 MATLAB 编写程序如下：

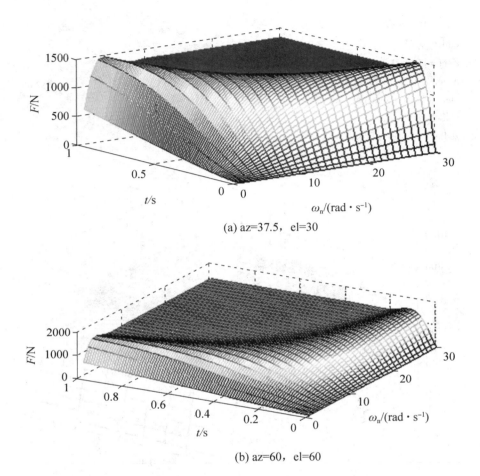

(a) az=37.5，el=30

(b) az=60，el=60

图 2-6　自然频率 ω_n 对单位阶跃响应的影响

```
% exa2_3. m. 自然频率 wn 的影响
clear all
n = 600; Zeta = 0. 5; Ks = 1670; Kn = 1; Ke = 2;
a = 2; p = 1; wn = 20; i = 1; m = 0. 7;
t = 0:0. 01:(1 - 0. 01);
for wn = 1:1:30
num = [ Kn * wn^2 ];
den = [ 1, 2 * Zeta * wn, wn * wn ];
Vf = step( num, den, t );
f = Vf. * 60/( p * n );
F(:, i) = Ke * a * Ks * ( f. ^m );
i = i + 1;
end
```

```
wn = 1 : 1 : 30;
subplot(2, 1, 1);
mesh(wn, t, F);
title('az = -37.5, el = 30');
xlabel('{\it\omega}_n /rad\cdots^{-1}')
ylabel('{\itt} /s')
zlabel('{\itF} /N')
subplot(2, 1, 2);
mesh(wn, t, F), view(-60, 60);
title('az = -60, el = 60');
xlabel('{\it\omega}_n /rad\cdots^{-1}')
ylabel('{\itt} /s')
zlabel('{\itF} /N')
```

MATLAB 在进行三维观察时，缺省值为：方位角（az = -37.5°）、俯视角（el = 30°），如图 2-6a 所示。利用 MATLAB 的 view(az, el) 语句可从不同角度观察所作的图形，图 2-6b 是将方位角（az）和俯视角（el）分别设定为 -60°和 60°的结果。

4. 用 Simulink 仿真

上面的三个例子是根据 MATLAB 的规范来编写仿真程序，运行后得到的结果，但更为直观和简便的方法是直接使用 MATLAB 提供的 Simulink 环境来直接进行仿真，此时用户只需从模块库中拖放所需的模块组合在一起就可实现系统的仿真，而不必编写程序，从而进一步提高编程效率，并实现全图形化仿真。

例 2-4 加工过程如 2.1 节所述的模型 1，其中 $n = 600 \text{r/min}$，$K_n = 1 \text{ mm/(V·s)}$，$K_s = 1670 \text{ N/mm}^2$，$K_e = 2$，$a = 2 \text{ mm}$，$m = 0.7$，$p = 1$，$\zeta = 0.5$，$\omega_n = 20 \text{ rad/s}$。

用 Simulink 来表示的加工模型如图 2-7 所示（存为 exa2_4. mdl）。仿真结果由示波器显示，如图 2-8 所示，图中从上到下分别表示为输入信号 u、进给信号 V_f 和切削力 F。图 2-7 还将仿真变量值输出到工作空间，可做储存等进一步处理。

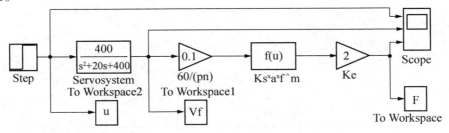

图 2-7 用 Simulink 实现的仿真框图

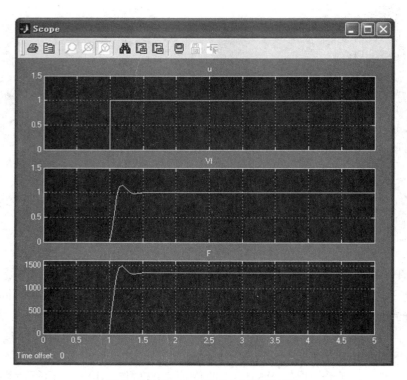

图 2 - 8　Simulink 仿真的示波器显示

上面用 MATLAB 语言对加工过程的切削力进行仿真分析，从中可以看到 MATLAB 编程的效率和使用 Simulink 的方便性。上述的例子只是用到 MATLAB 很少的部分函数，实际上 MATLAB 包含丰富的函数和大量的工具箱，功能非常强大，使用极为方便，并提供了在线帮助和开放式的交互编程环境。

3 控制系统的数学模型与转换

对控制系统进行分析和设计，都离不开系统的数学模型与转换等问题。本章介绍控制系统数学模型的表示与转换，包括传递函数模型、零极点增益模型和状态空间模型的表示与转换，以及模型的常用连接方式和化简。

3.1 控制系统数学模型

数学模型是描述系统变量之间关系的数学表示式。在 MATLAB 中，线性定常时不变（linear time-invariant，LTI）的模型主要有三种：传递函数模型（transfer function model，TF）、零极点增益模型（zero-pole-gain model，ZPG）和状态空间模型（state-space model，SS）。每种模型都有连续与离散系统两个类别。

3.1.1 传递函数模型

假设连续系统为单入单出（single-input single-output，SISO）系统，其输入与输出分别用 $u(t)$、$y(t)$ 表示，则描述系统的微分方程为：

$$a_1 \frac{\mathrm{d}^n y(t)}{\mathrm{d}t^n} + a_2 \frac{\mathrm{d}^{n-1} y(t)}{\mathrm{d}t^{n-1}} + \cdots + a_{n-1} \frac{\mathrm{d}y(t)}{\mathrm{d}t} + a_n y(t) =$$

$$b_1 \frac{\mathrm{d}^m u(t)}{\mathrm{d}t^m} + b_2 \frac{\mathrm{d}^{m-1} u(t)}{\mathrm{d}t^{m-1}} + \cdots + b_{m-1} \frac{\mathrm{d}u(t)}{\mathrm{d}t} + b_m u(t)_\circ \qquad (3-1)$$

对应的传递函数定义为：在零初始状态下，系统的输出量与输入量的拉氏变换之比，即

$$G(s) = \frac{Y(s)}{u(s)} = \frac{b_1 s^m + b_2 s^{m-1} + \cdots + b_m}{a_1 s^n + a_2 s^{n-1} + \cdots + a_n}_\circ \qquad (3-2)$$

传递函数是经典控制论描述系统的数学模型之一，它表达了系统输入量和输出量之间的关系。它只与系统本身的结构、特性和参数有关，而与输入量的变化无关；传递函数是研究线性系统动态响应和性能的重要手段与方法。

对于离散时间系统则应采用脉冲传递函数对其进行描述。脉冲传递函数一般可表示为关于 z 的降幂多项式分式形式，即

$$G(z) = \frac{Y(z)}{u(z)} = \frac{b_1 z^m + b_2 z^{m-1} + \cdots + b_m}{a_1 z^n + a_2 z^{n-1} + \cdots + a_n}_\circ \qquad (3-3)$$

在 MATLAB 语言中，可以利用分别定义的传递函数分子、分母多项式系数向量方便地对其加以描述。例如，对于式(3 - 2)和式(3 - 3)，传递函数的分子、分母多项式系数用向量表示为：

num = [b1, b2, …, bm]

den = [a1, a2, …, an]

其中的分子、分母多项式系数向量中的系数均按 s 或 z 的降幂排列。由于在程序设计中用无格式的字符，因此 b1 即为 b_1，其余类同。在 MATLAB 中，可以用 tf 来建立传递函数的系统模型，其基本格式为：

sys = tf(num, den)　　% 返回连续系统的传递函数模型

sys = tf(num, den, T)　　% 返回离散系统的传递函数模型，其中 T 为采样周期

离散系统的传递函数的表达式还有一种表示为 z^{-1} 的形式，即 DSP 形式。转换为 DSP 形式脉冲传递函数的命令为 filt( )，其调用格式为：

sys = filt(num, den, T)

对于已知的传递函数 G，其分子与分母多项式系数向量可分别由 G. num{1} 与 G. den{1} 指令求出。

在 MATLAB 中，还可调用 printsys( )来输出控制系统的传递函数，如：

printsys(num, den, 's')

printsys(num, den, 'z')

其中，'s'是指对连续系统的拉氏变换，输出的是连续系统传递函数模型；'z'是指对离散系统的 z 变换，输出的是离散系统脉冲传递函数模型。

3.1.2　零极点增益模型

系统的传递函数还可表示成另一种形式，即零极点增益形式。这种形式的系统传递函数比标准形式传递函数更加直观，可清楚地看到系统零极点的分布情况。连续系统的零极点增益模型一般可表示为：

$$G(s) = k \frac{(s - z_1)(s - z_2) \cdots (s - z_m)}{(s - p_1)(s - p_2) \cdots (s - p_n)}; \qquad (3 - 4)$$

离散系统的零极点增益模型一般可表示为：

$$G(z) = k \frac{(z - z_1)(z - z_2) \cdots (z - z_m)}{(z - p_1)(z - p_2) \cdots (z - p_n)}, \qquad (3 - 5)$$

式中，k 为系统增益；z_1，z_2，…，z_m 为系统零点；p_1，p_2，…，p_n 为系统极点。

在 MATLAB 中，用 zpk( )命令来建立系统的零极点增益模型，其调用格式为：

sys = zpk(z, p, k)　　% 返回连续系统的零极点增益模型

sys = zpk(z, p, k, T)　　% 返回离散系统的零极点增益模型

其中，z = [z₁, z₂, …, zₘ], p = [p₁, p₂, …, pₙ], k = [k]。

对于已知的零极点增益模型传递函数，其零点与极点可分别由 sys. z{1} 与 sys. p{1} 指令求出。

3.1.3　状态空间模型

线性时不变连续系统(LTI)可用一阶微分方程组来表示，写成矩阵形式即为状态空间模型：

$$x'(t) = Ax(t) + Bu(t) ,　　　　　　　(3-6a)$$
$$y(t) = Cx(t) + Du(t) ,　　　　　　　(3-6b)$$

式(3-6a)由 n 个一阶方程组成，称为状态方程，式(3-6b)由 1 个线性代数方程组成，称为输出方程。$u(t)$ 是 $r×1$ 的系统控制输入向量；$x(t)$ 是 $n×1$ 的系统状态向量；$y(t)$ 是 $m×1$ 的系统输出向量。A 为 $n×n$ 的系统矩阵(或称状态矩阵)，由控制对象的参数决定；B 为 $n×r$ 的控制矩阵(或称输入矩阵)；C 为 $m×n$ 的输出矩阵(或称观测矩阵)；D 为 $m×r$ 的输入输出矩阵(或称直接传输矩阵)。

离散系统的状态空间模型为：

$$x(k+1) = Ax(k) + Bu(k) ,　　　　　　　(3-7a)$$
$$y(k) = Cx(k) + Du(k) ,　　　　　　　(3-7b)$$

式中，k 为采样点，其他符号含义与连续系统类同。

在 MATLAB 中，连续与离散系统都可直接用矩阵组成(A, B, C, D)表示系统，用 ss( )函数来建立控制系统的状态空间模型。

sys = ss(A, B, C, D)　　% 返回连续系统的状态空间模型

sys = ss(A, B, C, D, T)　　% 返回离散系统的状态空间模型

sys_ss = ss(sys)　　% 将任意的 LTI 系统转换成状态空间模型

3.2　控制系统数学模型之间的转换

传递函数模型、零极点增益模型和状态空间模型，这三种模型之间可通过 MATLAB 函数来实现转换，如表 3-1 所示。

三者中的任意两者都可转换为另一种形式的模型，下面以连续形式为例，列举相互转换的方式。

表 3－1　数学模型转换函数及其功能

函数名	函　数　功　能
ss2tf	将系统状态空间模型转换为传递函数模型
ss2zp	将系统状态空间模型转换为零极点增益模型
tf2ss	将系统传递函数模型转换为状态空间模型
tf2zp	将系统传递函数模型转换为零极点增益模型
zp2ss	将系统零极点增益模型转换为状态空间模型
zp2tf	将系统零极点增益模型转换为传递函数模型

1. 系统模型向传递函数形式的转换

$[\,num,den\,] = zp2tf(\,z,p,k\,)$

$[\,num,den\,] = ss2tf(\,A,B,C,D\,)$

$sys = tf(\,zpk(\,z,p,k\,)\,)$

$sys = tf(\,ss(\,A,B,C,D\,)\,)$

2. 系统模型向零极点增益形式的转换

$[\,z,p,k\,] = tf2zp(\,num,den\,)$

$[\,z,p,k\,] = ss2zp(\,A,B,C,D\,)$

$sys = zpk(\,tf(\,num,den\,)\,)$

$sys = zpk(\,ss(\,A,B,C,D\,)\,)$

3. 系统模型向状态空间形式的转换

$[\,A,B,C,D\,] = tf2ss(\,num,den\,)$

$[\,A,B,C,D\,] = zp2ss(\,z,p,k\,)$

$sys = ss(\,tf(\,num,den\,)\,)$

$sys = ss(\,zpk(\,z,p,k\,)\,)$

离散形式的三种模型之间转换与连续形式类似，只是增加采样时间这一参数。下面再介绍连续形式模型与离散形式模型之间的转换。

4. 连续模型与离散模型之间的转换

连续模型转换为离散模型可用 c2d 或 c2dm 函数，其基本格式为：

$sysd = c2d(\,sysc,T,method\,)$

其中，sysc 表示连续系统模型；T 表示采样周期；method 表示指定转换方式，如′zoh′表示采用零阶保持器，′foh′表示采用三角形近似，′tustin′表示采用双线性变换，′prewarp′表示采用指定转折频率的双线性变换，其转折频率 wc 由 BFc2d（sysc，T，′prewarp′，wc）确定，缺省方法（method）为′zoh′。

离散模型转换为连续模型可用 d2c 或 d2cm 函数，其基本格式为：

$$sysc = d2c(sysd, method)$$

其中，sysd 表示离散系统模型，method 同上介绍。

不同采样时间的离散系统模型转换可用 d2d 函数，其基本格式为：

$$sysd2 = d2d(sysd1, T)$$

上述模型的转换如图 3-1 所示。

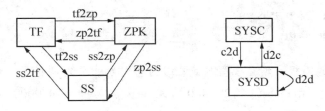

图 3-1　模型的转换

例 3-1　加工过程如第 2 章所述的模型 1，即

$$\frac{F(s)}{u(s)} = \frac{K\omega_n^2}{s^2 + 2\xi\omega_n s + \omega_n^2}, \quad K = 60K_n K_s K_e a f^{m-1}/(pn)。$$

式中，$\xi = 0.7$，$\omega_n = 20$，$n = 600$ r/min，$K_n = 1$ mm/(V·s)，$K_s = 1670$ N/mm^2，$K_e = 2$，$a = 2$ mm，$p = 1$，$m = 1$。现求该系统的传递函数模型与零极点增益模型，以及采样时间 $T = 0.01$ s 时的离散模型。

由于系统为线性模型，因此 $K = 60K_n K_s K_e a/(pn)$。下面是 MATLAB 编写的程序。

```
% exa3_1.m
clear all
n = 600; Kn = 1; Ke = 2; Ks = 1670;
Zeta = 0.7; wn = 20; a = 2; p = 1; T = 0.01;
K = 60 * Kn * Ks * Ke * a /(p * n);
num = [K * wn^2];
den = [1, 2 * Zeta * wn, wn * wn];
sys = tf(num, den)    % 传递函数模型,或者用 printsys(num, den, 's') 语句
sys1 = zpk(sys)    % 零极点增益模型
sysd = c2d(sys, T)
```

运行以上语句后得到如下的系统传递函数模型与零极点增益模型：

```
Transfer function:
    267200
- - - - - - - -
s^2 + 28 s + 400
```

```
Zero/pole/gain:
     267200
- - - - - - - -
(s^2 + 28s + 400)

Transfer function:
    12. 16 z + 11. 07
- - - - - - - -
z^2 - 1. 721 z + 0. 7558
Sampling time: 0. 01
```

上面显示的零极点增益模型只是在分母部分加上一对圆括号，这是由于模型的极点为虚数。用 roots([1,28,400]) 求得极点为：-14.0000 + 14.2829i 和 -14.0000 - 14.2829i。

例 3-2 加工过程如第 2 章所述的模型 2，在背吃刀量为 2.54mm 和采样时间 $T=0.05\mathrm{s}$ 时，有如下离散模型：

$$G(z) = \frac{F(z)}{u(z)} = \frac{1.3907z + 1.3257}{z^2 - 1.8218z + 0.8409}。$$

现求其离散形式的零极点增益模型，用'tustin'方法求得连续形式的传递函数模型、当 $T=0.01\mathrm{s}$ 时的离散模型。

```
% exa3_2. m
clear all
T1 = 0. 05;  T2 = 0. 01;
num = [1. 3907, 1. 3257];
den = [1, -1. 8218, 0. 8409];
sys = tf( num, den, T1)     % 原离散模型
sys1 = zpk( sys)            % 零极点增益离散模型
sysc = d2c( sys, 'tustin')   % 用'tustin'方法求传递函数模型
sysd = d2d( sys, T2)        % 求 T = 0. 01 时的离散模型
```

运行后，结果如下：

```
Transfer function:
    1. 391 z + 1. 326
- - - - - - - -
z^2 - 1. 822 z + 0. 8409
Sampling time: 0. 05
```

Zero/pole/gain:

$\quad$ 1. 3907 (z + 0. 9533)

－ － － － － － － －

(z^2 － 1. 822z + 0. 8409)

Sampling time: 0. 05

Transfer function:

－ 0. 01775 s^2 － 28. 96 s ＋ 1187

－ － － － － － － －

$\quad$ s^2 ＋ 3. 475 s ＋ 8. 344

Transfer function:

0. 05714 z ＋ 0. 05936

－ － － － － － － －

z^2 － 1. 965 z ＋ 0. 9659

Sampling time: 0. 01

从上面结果可以看到，采样时间不同，得到的离散模型也不同。当采样时间为 0.05s 时，系统零点 z = 0. 9533；而当采样时间为 0. 01s 时，系统零点变为 z = 0. 05936/0. 05714 ≈ 1. 039(在 z 平面的单位圆之外)，此时系统变为非最小相位系统。

3.3　方框图模型的化简

一个控制系统往往由多个环节组成，在对其进行研究、分析和仿真时，往往需要对它们合并与化简等。

1. 环节串联的化简

多个环节串联是控制系统的基本组成结构形式之一。环节串联是指前一个环节的输出为相邻的下一个环节的输入，以此类推，如图 3 － 2 所示。环节串联的化简就是求以第一个环节的输入作为等效传递函数的输入，以最后一个环节的输出为其等效输出的等效结构。在自动控制中，环节串联的等效传递函数为各个串联环节的传递函数的乘积。

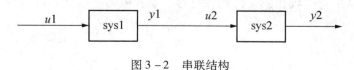

图 3 － 2　串联结构

用 series( ) 函数可将串联模块化简，既适用于连续系统，又适用于离散系统，其命令格式为：

$$sys = series(sys1, sys2)$$

该函数命令将如图 3 – 2 所示的两个环节化简，但用 $sys = sys1 * sys2 * \cdots * sysn$ 更为简便，这样不仅可省掉"series( )"字符，而且还可一次实现多个传递函数模块的化简。

2. 环节并联的化简

多个环节并联也是控制系统的基本组成结构形式之一。环节并联是指多个环节的输入信号相同，所有环节输出的代数和为其总输出，两个环节相并联如图 3 – 3 所示。

用 parallel( ) 函数可将两个并联模块化简，既适用于连续系统，又适用于离散系统，其命令格式为：

$$sys = parallel(sys1, sys2)$$

该函数命令将如图 3 – 3 所示的两个环节化简，但用 $sys = sys1 + sys2 + \cdots + sysn$ 更为简便，这样不仅可省掉"parallel( )"字符，而且还可一次实现多个传递函数模块的化简。

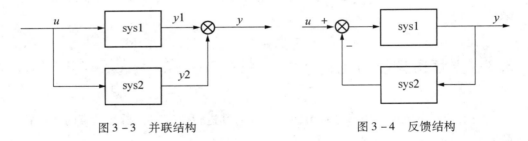

图 3 – 3 并联结构   图 3 – 4 反馈结构

3. 环节反馈的化简

两个环节的反馈连接如图 3 – 4 所示。用 feedback( ) 函数可将两个环节按反馈形式进行连接后求其等效传递函数，sys1 为闭环前向通道的传递函数，sys2 为反向通道的传递函数。feedback( ) 既适用于连续系统，又适用于离散系统，其命令格式为：

$$sys = feedback(sys1, sys2, sign)$$

其中，sign 是指 sys2 输出到 u 的连接符号，缺省值为 – 1，即 sign = – 1。

4 系统的响应与根轨迹分析

本章介绍系统的时间与频率响应，以及这些响应的分析工具——线性时不变系统(LTI)观察器和控制系统设计的 GUI 工具——根轨迹设计工具。

4.1 系统的响应函数

1. 时间响应

时间响应函数有：

　　impulse　脉冲响应

　　initial　零初始条件响应

　　gensig　输入信号发生器

　　lsim　任意输入响应

　　step　阶跃响应

step、impulse、initial 函数自动生成一个合适的时间响应仿真环境。用法如下：

　　step(sys)

　　impulse(sys)

　　initial(sys，x0)　% x0 为零初始状态向量

其中，sys 是任何连续或离散的 LTI 模型或 LTI 矩阵。

2. 频率响应函数

频率响应函数有：

　　bode　Bode(伯德)图

　　margin　增益与相位余量

　　ngrid　Nichols(尼柯尔斯)图上加栅格

　　nichols　Nichols 图

　　nyquist　Nyquist(奈奎斯特)图

　　sigma　奇异值响应

基本用法：

　　bode(sys)

　　nichols(sys)

nyquist(sys)

sigma(sys)

例 4 - 1 已知铣床光电跟踪旋转系统结构如图 4 - 1 所示。

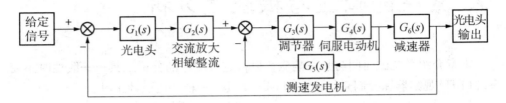

图 4 - 1　铣床光电跟踪旋转系统结构图

系统各环节的传递函数分别为：

（1）从光电头偏离墨线角 $\Delta\varphi$，到变压器二次侧输出电压的幅值 $u_{\Delta\varphi}$，其间为比例环节：

$$G_1(s) = \frac{u_{\Delta\varphi}}{\Delta\varphi} \approx 7.2 \text{ V/rad} ;$$

（2）从交流放大到相敏整流输出，其间也近似为比例环节：

$$G_2(s) = \frac{u_2}{u_{\Delta\varphi}} \approx 2 ;$$

（3）从调节器的输入电压 $u_{\text{in}} = u_2 - u_{\text{tg}}$ 到输出电压 u_{out}，此乃近似为 PI 调节器：

$$G_3(s) = \frac{u_{\text{out}}(s)}{u_{\text{in}}(s)} = \frac{4.5s + 45}{0.5s + 1} ;$$

（4）从调节器的输出电压 u_{out} 加到永磁直流伺服电动机上，电动机输出角速度 Ω，直流伺服电动机的传递函数为：

$$G_4(s) = \frac{\Omega(s)}{u_{\text{out}}(s)} = \frac{16}{0.08s + 1} ;$$

（5）直流测速发电机的传递函数为：

$$G_5(s) = \frac{u_{\text{tg}}(s)}{\Omega(s)} = 0.007 ,$$

式中，u_{tg} 为直流测速发电机的反馈电压。

（6）减速器的传递函数为：

$$G_6(s) = \frac{0.1}{s} 。$$

试求该双闭环伺服系统的阶跃响应。

绘制该伺服系统实际参数的 Simulink 动态结构图（存为 exa4_1.mdl），如图 4 - 2 所示。

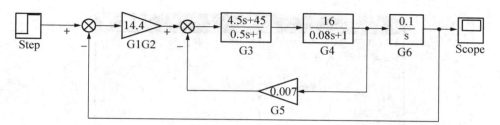

图4-2 铣床光电跟踪伺服系统实际参数的 Simulink 动态结构图

仿真结果如图4-3所示。运行下面的程序也得到相同的结果，如图4-4所示。调用 step( ) 语句不带返回参数时，自动作出阶跃响应图以及标示图题和坐标名等。

```
% exa4_1a. m
clear all
G12 = 14. 4;
G3 = tf([4. 5 45],[0. 5 1]);
G4 = tf([16],[0. 08 1]);
G5 = 0. 007;
G6 = tf([0. 1],[1 0]);
G34 = G3 * G4;
G34c = feedback( G34, G5);
G123456 = G12 * G34c * G6;
Gcl = feedback( G123456, 1, - 1);
step( Gcl)
```

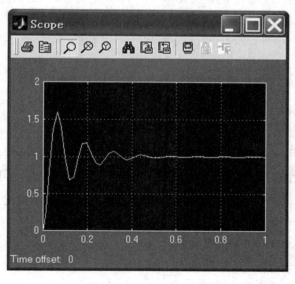

图4-3 铣床光电跟踪伺服系统的 Simulink 阶跃仿真结果

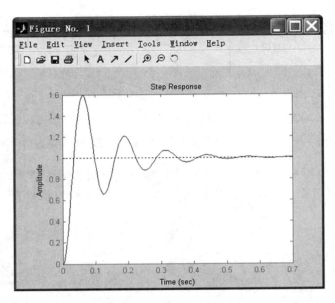

图 4 - 4　铣床光电跟踪伺服系统的阶跃响应

4.2　线性时不变系统观察器

　　线性时不变系统(LTI)观察器是 LTI 各种响应的分析工具，可通过 ltiview 函数来打开。ltiview 函数调用格式为：

ltiview

ltiview(sys)

ltiview('type', sys)　% sys 的'type'类型响应

ltiview({'type1'; 'type2'; ... ; 'typek'}, sys1, ... , sysn)　% $n(\leqslant 6)$个系统的响应

　　ltiview 函数用来打开一个 LTI 观察器，但没有指定系统模型。sys(sysn)是指输入到 LTI 的模型，除了"initial"类型用于 SS 模型外，其他均可用于 TF、SS 和 ZPK 模型。输入参量 type 是指系统响应的类型，它可以是以下 9 种字符之一：

　　bode ——Bode 图

　　impulse ——脉冲响应

　　initial ——状态空间模型的零输入响应

　　lsim ——任意输入的响应

nichols ——Nichols 图

nyquist ——Nyquist 图

pzmap ——零极点图

sigma ——奇异值响应

step——阶跃响应

执行 ltiview 或 ltiview('step') 后，打开一个 LTI 观察分析器，如图 4 – 5 所示。LTI 观察器菜单栏有 4 个菜单项：【File】、【Edit】、【Window】和【Help】。

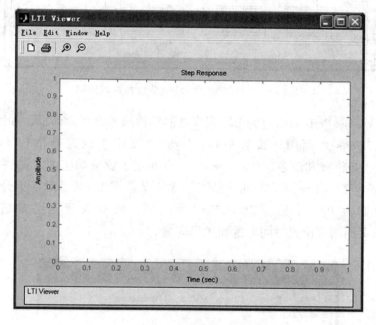

图 4 – 5 LTI 观察器

菜单栏下是系统响应曲线绘制区，可绘制系统的各种时域和频域响应曲线、以及零极点分布图。在【Edit】菜单项下有【Plot Configurations】、【Refresh Systems】、【Delete Systems】、【Line Styles】和【Viewer Preferences】子菜单，其中【Plot Configurations】菜单命令为 LTI 观察器的响应曲线布置对话框，如图 4 – 6 所示。LTI 观察器左边有 6 种可选择的响应曲线组合，第 1 种只有 1 条响应曲线，依次到第 6 种组合有 6 条响应曲线。LTI 观察器右边有 Step、Impulse、Bode、Bode Magnitude、Nyquist、Nichols、Singular Value、Pole/Zero 和 I/O Pole/Zero 等可选择的响应曲线。

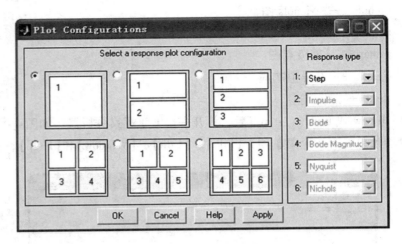

图 4 - 6　LTI 观察器的响应曲线布置对话框

【LTI Viewer Preferences】为 LTI 观察器的参数选择设置对话框，如图 4 - 7 所示。其中，Units 页面用于设置单位；Style 页面用于设置栅格（Grid）、字体（Fonts）大小与格式和颜色；Characteristics 页面用于设置响应曲线的调节时间和上升时间条件等，对于调节时间，系统缺省的误差带为 2%，对于上升时间，系统缺省设置为 10% 上升到 90% 的时间间隔，可以改变这些缺省设置值；Parameters 页面用于设置时间向量和频率向量。

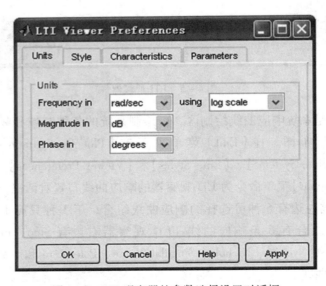

图 4 - 7　LTI 观察器的参数选择设置对话框

【Line Styles】为 LTI 观察器响应曲线线型与颜色设置对话框，如图 4 - 8 所示。LTI 观察器设置了 7 种颜色、9 种标识符号和 5 种线型供选用。系统、输入、输出是否采用选定的颜色、标识和线型，可以用对话框上部的单选按钮进行选择。

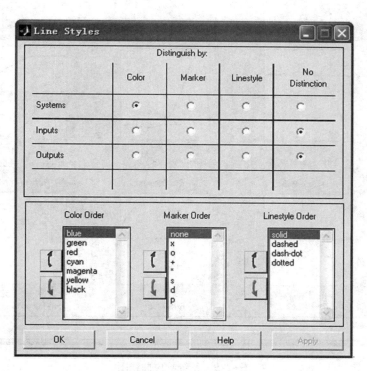

图 4 - 8　LTI 观察器响应曲线线型与颜色设置对话框

例 4 - 2　伺服环节传递函数为：

$$G(s) = \frac{K_n\omega_n^2}{s^2 + 2\zeta\omega_n s + \omega_n^2} = \frac{400}{s^2 + 28s + 400}。$$

试求其单位阶跃响应、脉冲阶跃响应、Bode 图、零极点图、Nyquist 图和 Nichols 图。

用 MATLAB 编写程序如下：

```
% exa4_2. m
num = [400];
den = [1 28 400];
sys = tf( num, den);
ltiview( {'step', 'impulse', 'bode', 'pzmap', 'nyquist', 'nichols'}, sys)
```

运行 exa4_2. m 后，显示结果如图 4 – 9 所示。

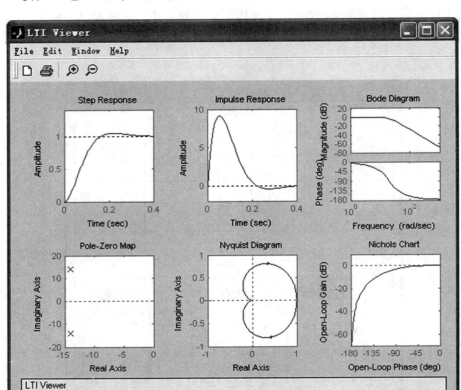

图 4 – 9　系统响应曲线图

4.3　根轨迹设计工具

4.3.1　根轨迹设计工具

控制系统工具箱中提供了控制系统设计的 GUI 工具——根轨迹设计 GUI(root locus design，GUI)，该工具可用根轨迹法交互式设计 SISO 补偿器。

调用根轨迹设计工具的方法是在 MATLAB 命令窗口输入命令 rltool，其窗口如图 4 – 10 所示。图 4 – 10 中的模块"G"为被控对象的模型，模块"C"就是设计补偿器模型。设计窗口左上部显示设计过程中的补偿器模型。设计的最终目的就是为被控对象"G"设计出一个适当的补偿器"C"，使得整个系统的性能满足要求。根轨迹设计 GUI 中间的窗口是进行设计的主窗口，它显示整个系统的根轨迹图。

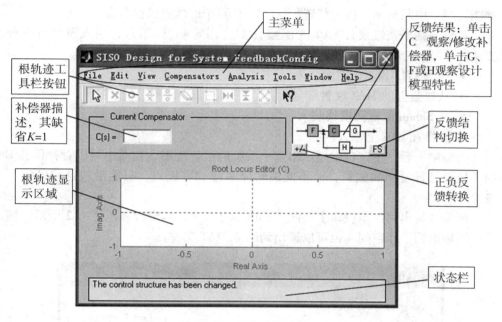

图 4 – 10　根轨迹设计窗口

根轨迹设计 GUI 窗口菜单【File】下的【Import...】用来输入 LTI 设计模型，其窗口如图 4 – 11 所示，窗口右上角显示的是系统的结构框图，按"Other..."按钮显示其他形式的结构框图。在这里输入的模型包括被控对象 G、前置滤波器 F、传感器动态特性 H。缺省情况下，G、F、H、C 的值是 1。

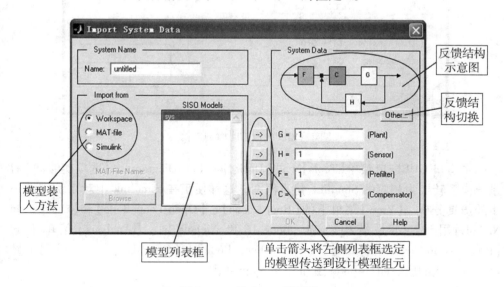

在窗口左下角指定输入模型的位置，包括工作空间、MAT 文件和 Simulink 框图。窗口中间显示了指定位置（如工作空间）中的所有模型名称。

可输入到根轨迹设计 GUI 的模型有 TF、ZPK 和 SS 形式，装入模型有 4 种方法：

- 从 MATLAB 工作空间装入；
- 从磁盘上的 MAT 文件装入；
- 从 Simulink 框图模块装入；
- 直接在 GUI 上输入。

模型输入后，主窗口中显示出整个系统的根轨迹图，在图中可以对补偿器 C 的零极点进行增删和编辑，但不能编辑原系统的零极点，只能沿轨迹移动闭环极点。

模型的输出用菜单【File】下的【Export...】选项，其窗口如图 4 – 12 所示。模型可以输出到工作空间，也可以输出到磁盘 MAT 文件。

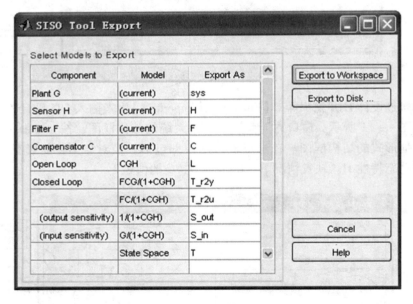

图 4 – 12　输出 LTI 模型窗口

主窗口 GUI 窗口菜单【Tools】下的【Draw Simulink Diagram...】选项能够把 LTI 系统模型转换为相应的 Simulink 仿真框图，这样便于在 Simulink 中对系统作进一步的仿真分析。【View】菜单下的【Root Locus】、【Open-Loop Bode】和【Open-Loop Nichols】用于显示系统根轨迹、Bode 图和 Nichols 图。【Analysis】菜单下的【Response to Step Command】、【Colsed-Loop Bode】和【Open-Loop Nyquist】用于显示系统阶跃响应、闭环 Bode 图和开环 Nyquist 图。

4.3.2 根轨迹函数

根轨迹函数 rlocus(sys)和 rlocfind( )调用的基本格式为：

rlocus(sys)

[K, poles] = rlocfind(sys)

[K, poles] = rlocfind(sys)从函数 rlocus 生成的模型 sys 的根轨迹图中选择反馈增益。运行 rlocfind 函数后，在根轨迹图上出现十字形光标，用来选择极点位置。与选中的点相关联的根轨迹增益返回到 K 中，列向量 poles 包含了该增益的闭环极点。使用该函数时，模型 sys 的根轨迹图必须在当前图形窗口。

注意：求根轨迹要用系统的开环传递函数。

例 4 – 3 例 4 – 1 的开环结构如图 4 – 13 所示。试用根轨迹设计工具求其根轨迹图、Bode 图、Nichols 图、Nyquist 图和单位阶跃响应。

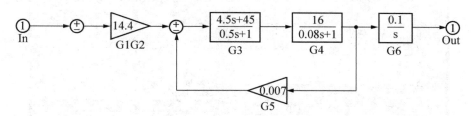

图 4 – 13 铣床光电跟踪伺服系统开环 simulink 结构图

可用两种方法来求解，一种是用系统开环传递函数，另一种是用开环 simulink 结构图，两种方法的程序分别如下：

```
% exa4_3a
G12 = 14.4;
G3 = tf([4.5 45],[0.5 1]);
G4 = tf([16],[0.08 1]);
G5 = 0.007;
G6 = tf([0.1],[1 0]);
G34 = G3 * G4;
G34c = feedback(G34,G5);
Gop = G12 * G34c * G6;
rltool(Gop)

% exa4_3b
[a b c d] = linmod2('exa4_3');
sys = ss(a, b, c, d);
rltool(sys)
```

　　在 exa4_3a 和 exa4_3b 中，rltool( )函数的模型均为系统的开环传递函数。在 exa4_3b 程序中，用 linmod2( )求得系统的线性模型，返回的是状态空间模型，其输入参数为 exa4_3，即图 4 - 13 所示的 Simulink 模型，其扩展名为 mdl。

　　运行 exa4_3a(或 exa4_3b)后，显示开环系统的根轨迹图，再选择【View】菜单下的【Open-Loop Bode】和【Open-Loop Nichols】，得到如图 4 - 14 所示的结果。图 4 - 15 所示的是该闭环系统的阶跃响应。

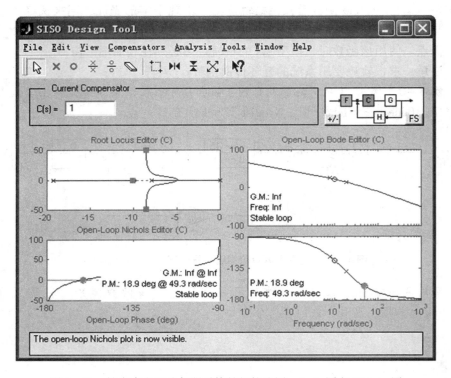

图 4 - 14　铣床光电跟踪伺服系统的根轨迹图、Bode 图和 Nichols 图

　　另外，运行以下程序则可以将被选点的根轨迹增益返回给变量 K、极点返回给列向量 poles。

```
% exa4_3c
[a b c d] = linmod2('exa4_3');
sys = ss(a, b, c, d);
rlocus(sys)
[K, poles] = rlocfind(sys)
```

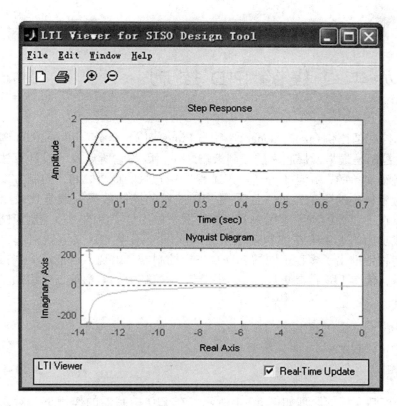

图 4 – 15　铣床光电跟踪伺服系统的单位阶跃响应和 Nyquist 图

5 加工过程的 PID 控制

PID 控制是比例(proportional)、积分(integral)、微分(differential)调节的简称。PID 控制是最早发展起来的控制策略之一，因为它所涉及的设计算法和控制结构都是很简单的，并且十分适用于工程应用背景。此外，PID 控制方案并不要求受控对象精确的数学模型，且采用 PID 控制的控制效果一般是比较令人满意的，所以在工业界的实际应用中 PID 控制器是应用最广泛的一种控制策略，且都是比较成功的。近年来在控制理论研究和实际应用中 PID 又重新引起人们的注意，人们相继推出了多种不同的 PID 自整定控制器，出现了自整定 PID 控制器的硬件商品，使得 PID 控制更广泛地应用于工业控制中。本章重点介绍加工过程的 PID 控制。

5.1 PID 控制

PID 控制系统的原理如图 5－1 所示。在 PID 控制器的作用下，对误差信号 $e(t)$ 分别进行比例、积分与微分运算，三个作用分量之和作为控制信号输出给被控对象。

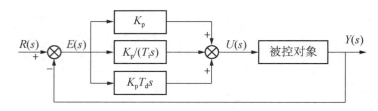

图 5－1　PID 控制器系统的原理框图

PID 控制器的微分方程数学模型为：

$$u(t) = K_p \left[e(t) + \frac{1}{T_i} \int_0^t e(t)\mathrm{d}t + T_d \frac{\mathrm{d}e(t)}{\mathrm{d}t} \right] , \tag{5－1}$$

式中，$u(t)$ 为 PID 控制器的输出信号；K_p 为比例系数；T_i 为积分时间常数；T_d 为微分时间常数。系统误差信号 $e(t) = r(t) - y(t)$，$r(t)$ 是系统的给定输入信号，$y(t)$ 是系统的被控量。

PID 控制器的传递函数模型为:

$$G_c(s) = \frac{U(s)}{E(s)} = K_p\left(1 + \frac{1}{T_i s} + T_d s\right) = K_p + \frac{K_i}{s} + K_d s , \qquad (5-2)$$

式中,积分系数 $K_i = K_p/T_i$;微分系数 $K_d = K_p T_d$。

在 MATLAB 中,PID 采用封装形式提供,内部结构如图 5-2 所示。在图 5-2 中,缺省的比例系数、积分系数和微分系数分别称为 P、I 和 D,也可修改为其他名称,只要填入适当的系数就可完成 PID 控制器的设计。

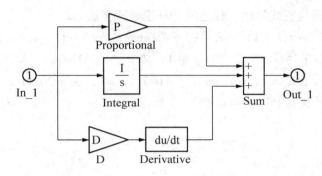

图 5-2 MATLAB 的 PID 控制器

PID 控制器各校正环节的作用如下:

(1)比例环节。成比例地反映控制系统的误差信号 $e(t)$,误差一旦产生,控制器即产生控制作用,以减少误差。

(2)积分环节。主要用于消除静差,提高系统的无差度。积分作用的强弱取决于积分时间常数 T_i。T_i 越大,积分作用越弱,反之则越强。

(3)微分环节。反映误差信号的变化趋势(变化速率),并能在误差信号变得太大之前,在系统中引入一个有效的早期修正信号,从而加快系统的动作速度,减少调节时间。

对于式(5-2),当 $T_d = 0$、$T_i = \infty$ 时,则有 $G_c(s) = K_p$,此时为比例(P)调节器;当 $T_i = \infty$ 时,则有

$$G_c(s) = K_p(1 + T_d s) , \qquad (5-3)$$

此时为比例微分(PD)调节器,若将其作为校正器,它相当于超前校正器;当 $T_d = 0$,则有

$$G_c(s) = K_p\left(1 + \frac{1}{T_i s}\right) = \frac{K_p T_i s + K_p}{T_i s} , \qquad (5-4)$$

此时为比例积分(PI)调节器,若将其作为校正器,它相当于滞后校正器;当 $K_p \neq 0$、$T_d \neq 0$、$T_i \neq \infty$ 时,则有式(5-2),此时称为全 PID 调节器。

离散化的 PID 算法为：

$$u(k) = K_p\Big\{e(k) + \frac{T}{T_i}\sum_{n=0}^{k}e(n) + \frac{T_d}{T}\big[e(k) - e(k-1)\big]\Big\}$$

$$= K_p e(k) + K_i\sum_{n=0}^{k}e(n) + K_d\big[e(k) - e(k-1)\big], \qquad (5-5)$$

式中，$K_i = K_p T/T_i$；$K_d = K_p T_d/T$；T 为采样时间；k 为采样序号，$k = 1, 2, 3, \cdots$；$e(k)$ 为第 k 时刻的误差信号。

式(5-5)是位置式算法，相应的 PID 增量式算法为：

$$\Delta u(k) = K_p\big[e(k) - e(k-1)\big] + K_i e(k) + K_d\big[e(k) - 2e(k-1) + e(k-2)\big]。 \qquad (5-6)$$

例 5-1　加工过程如第 2 章的模型 1，其中，$n = 600\text{r/min}$，$K_n = 1\ \text{mm/(V·s)}$，$K_s = 1670\ \text{N/mm}^2$，$K_e = 1$，$a = 2\text{mm}$，$\zeta = 0.7$，$p = 1$，$\omega_n = 20\text{rad/s}$，$m = 1$，此时加工过程的模型及其 PID 控制如图 5-3 所示。

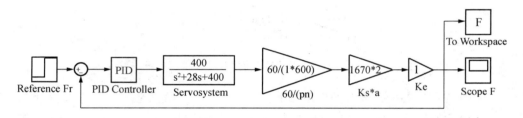

图 5-3　简单的 PID 控制

图中设定的参考切削力 F_r 为 700N，控制系统的目标在于将加工过程的实际切削力恒定在参考切削力上。参考切削力根据刀具等约束条件来确定，以免刀具损坏。

将仿真时间设定为 1s，其他仿真参数采用缺省值，PID 的比例、积分和微分系数分别设为 0.01、0.1 和 0.001，运行后得到如图 5-4 所示的结果，并把切削力输出到 MATLAB 工作空间，可用 plot(tout, F) 作出切削力的响应曲线。用 plot( ) 函数绘制的图形，图形的上方有菜单，可对图形进行处理，如添加横坐标、纵坐标和曲线的文字说明，用不同方式复制图形等，图 5-5 是用 plot( ) 函数绘制得到的图形。

PID 控制是通过 3 个参量 K_p、T_i 和 T_d 起作用的。这 3 个参量的取值大小的不同，就是比例、积分、微分作用强弱的变化。

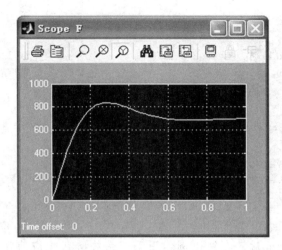

图 5 – 4　Simulink 示波器显示的切削力响应曲线

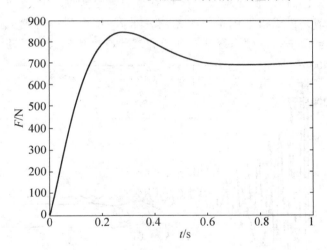

图 5 – 5　Plot 函数所作的切削力响应曲线

(1) 比例调节作用分析($K_p = 0.01 \sim 1$、$T_d = 0$、$T_i = \infty$)

```
% exa5_1P. m
clear all
n = 600; Kn = 1; Ks = 1670; Ke = 1;
a = 2; Zeta = 0. 7; p = 1; wn = 20;
Kp = [0. 01, 0. 05, 1];
t = 0: 0. 001: 0. 5;
u = 700 * ones( size(t) );
num = [ Kn * wn^2 * 60/( p * n) * Ks * a * Ke];
den = [1, 2 * Zeta * wn, wn * wn];
```

```
G = tf( num, den) ;
for i = 1: length( Kp)
   Gcl = feedback( Kp( i) * G, 1) ;
   F = lsim( Gcl, u, t) ;
   plot( t, F)
   hold on
end
xlabel( '{ \ itt} /s')
ylabel( '{ \ itF} /N')
gtext( '{ \ itK} _p = 0. 01')
gtext( '{ \ itK} _p = 0. 05')
gtext( '{ \ itK} _p = 1')
hold off
```

运行 exa5_1P. m 后，在纯比例作用下，系统阶跃响应曲线如图 5 - 6 所示。从图中可以看出，随 K_p 值的增大，闭环系统的响应加快，但超调量也加大，并产生一定的振荡，由于该系统是稳定系统，当 K_p 增大到一定数值时，就产生等幅振荡。实际生产中，尽管系统还是处于稳定状态，但较大的振荡是不允许的。

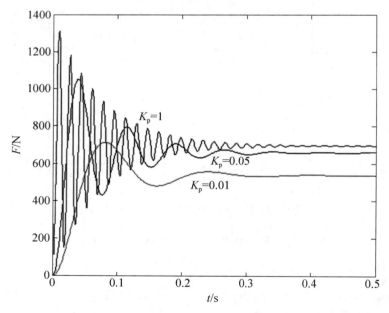

图 5 - 6　不同比例系数 K_p 作用下的阶跃响应曲线

（2）积分调节作用分析（$K_p = 0.01$、$T_i = 0.05 \sim 1$、$T_d = 0$）

```
% exa5_1PI. m
clear all
```

```
n = 600;  Kn = 1;  Ks = 1670;  Ke = 1; a = 2;
Zeta = 0. 7;  p = 1;  wn = 20;  Kp = 0. 01;
Ti = [ 0. 05 0. 1 1 ];
t = 0: 0. 025: 4;
u = 700 * ones( size( t) ) ;
num = [ Kn * wn^2 * 60/( p * n) * Ks * a * Ke];
den = [ 1, 2 * Zeta * wn, wn * wn];
G = tf( num, den) ;
for i = 1: length( Ti)
   Gc = tf( Kp * [ Ti( i)  1], [ Ti( i)  0] ) ;
   Gcl = feedback( Gc * G, 1) ;
   F = lsim( Gcl, u, t) ;
   plot( t, F)
   hold on
end
xlabel( '{ \ itt} ⁄s')
ylabel( '{ \ itF} ⁄N')
gtext( '{ \ itT} _i = 0. 05')
gtext( '{ \ itT} _i = 0. 01')
gtext( '{ \ itT} _i = 1')
hold off
```

运行 exa5_1PI.m 后，系统阶跃响应曲线如图 5 - 7 所示。从图中可以看出，保持 K_p 不变时，随着 T_i 值的增大（即积分系数 K_i 减小），闭环系统的超调量减小，系统响应速度稍为变慢。

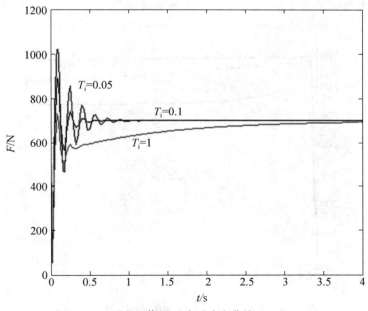

图 5 - 7   不同 T_i 作用下阶跃响应曲线（$K_p = 0. 01$）

（3）微分调节作用分析（$K_p = 0.01$、$T_d = 0.1 \sim 10$、$T_i = \infty$）

```
% exa5_1PD. m
clear all
n = 600; Kn = 1; Ks = 1670; Ke = 1; a = 2;
Zeta = 0. 7; p = 1; wn = 20; Kp = 0. 01;
Td = [ 0. 1  1  10];
t = 0: 0. 01: 0. 5;
u = 700 * ones( size( t));
num = [ Kn * wn^2 * 60/( p * n) * Ks * a * Ke];
den = [ 1, 2 * Zeta * wn, wn * wn];
G = tf( num, den);
for i = 1: length( Td)
  Gc = tf( Kp * [ Td( i)  1], [ 1]);
  Gcl = feedback( Gc * G, 1);
  F = lsim( Gcl, u, t);
  plot( t, F)
  hold on
end
xlabel( '{ \ itt} /s')
ylabel( '{ \ itF} /N')
gtext( '{ \ itT}_d = 0. 1')
gtext( '{ \ itT}_d = 1')
gtext( '{ \ itT}_d = 10')
hold off
```

运行 exa5_1PD.m 后，系统阶跃响应曲线如图 5 - 8 所示。从曲线可以看出，保持 K_p 不变时，随着 T_d 值的增大，系统响应速度加快。

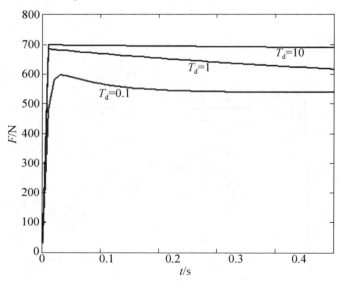

图 5 - 8　不同 T_d 作用下阶跃响应曲线（$K_p = 0.01$）

例 5 - 1 只考虑背吃刀量为 2mm 的线性模型，生产上被加工的工件背吃刀量往往不是固定不变的，下面的例子将考虑加工过程中背吃刀量变化和 $m \neq 1$ 的情形。

例 5 - 2　加工过程如第 2 章的模型 1，其中，$n = 600 \, \mathrm{r/min}$，$K_n = 1 \, \mathrm{mm/(V \cdot s)}$，$K_s = 1670 \, \mathrm{N/mm^2}$，$K_e = 1$，$\zeta = 0.7$，$p = 1$，$\omega_n = 20 \mathrm{rad/s}$，$m = 0.7$，背吃刀量从 1mm 到 3mm 按正弦曲线变化，此时的 PID 控制系统如图 5 - 9 所示。

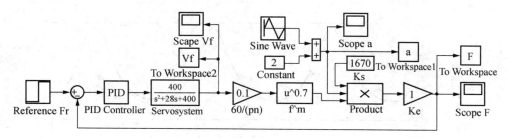

图 5 - 9　背吃刀量变化的 PID 控制

PID 控制器的参数选为 $K_p = 0.01$、$K_i = 0.1$、$K_d = 0.001$。在 Simulink 环境下运行图 5 - 9 所示的动态模型（存为 exa5_2.m），将输出到 MATLAB 工作空间的切削力 F、进给速度 V_f 和背吃刀量 a 用下述语句作图，并将其显示在一个图形上，如图 5 - 10 所示。从图中可以看出，背吃刀量的变化与进给速度的变化正好相反，也就是说，如果背吃刀量增加，进给速度就降低，以保持切削力恒定在设定的切削力上，反之亦然。因此，控制系统可以自动调节加工过程的进给速度，来实现加工过程的恒力控制。

绘制图 5 - 10 的程序如下：

```
% exa5_2a.m
subplot(3, 1, 1)
plot( tout, F) ;
xlabel('{ \ itt} /s')
ylabel('{ \ itF} /N')
subplot(3, 1, 2) ;
plot( tout, Vf) ;
xlabel('{ \ itt} /s')
ylabel('{ \ itV}_f /mm \ cdots^{ -1}') ;
subplot(3, 1, 3) ;
plot( tout, a) ;
xlabel('{ \ itt} /s')
ylabel('{ \ ita} /mm') ;
```

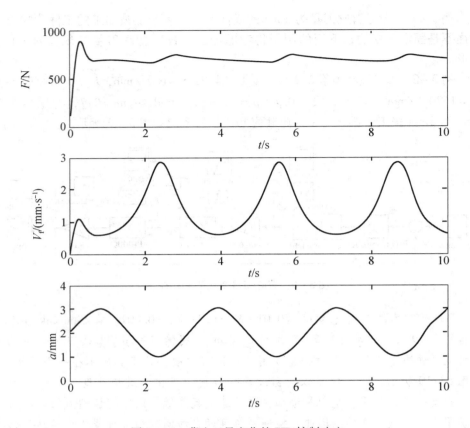

图 5 – 10　背吃刀量变化的 PID 控制响应

　　为了保护刀具，在加工过程中，往往对刀具进给速度作限制。现假设刀具进给速度不大于 120mm/min（即 2mm/s），再进行仿真实验。

　　例 5 – 3　在例 5 – 2 的基础上，限制进给速度 $0 \leqslant V_f \leqslant 2$mm/s，此时的 PID 控制系统如图 5 – 11 所示。

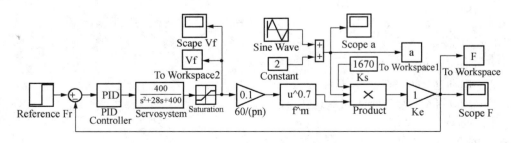

图 5 – 11　带限幅环节的 PID 控制

　　带限幅环节的 PID 控制响应如图 5 – 12 所示，从图中可以看出，当进给速度

大于 $2mm/s$ 时，就以 $2mm/s$ 为输出。但将限幅环节放在图 5 - 11 所示的位置上，实际上是很难实现的，因此可将限幅环节放在 PID 后面，对相应的进给电压信号进行限幅，如图 5 - 13 所示。运行后，得到如图 5 - 14 所示的结果，与图 5 - 12 结果类似。

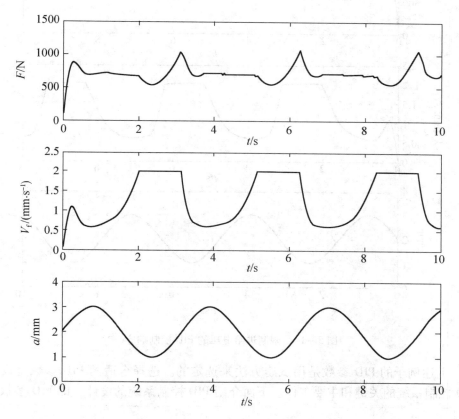

图 5 - 12　带限幅环节的 PID 控制响应

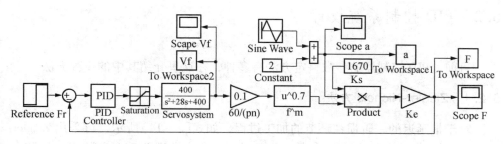

图 5 - 13　限制进给电压的 PID 控制

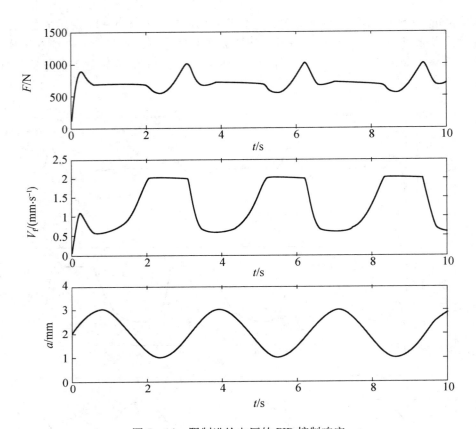

图 5 - 14   限制进给电压的 PID 控制响应

上述例子的 PID 参数是用试凑方法来选定的。选择合适的 PID 参数是设计 PID 控制系统的关键和主要工作。下面介绍 PID 控制系统的设计，即 PID 参数的设计。

5.2   PID 控制系统设计

目前，PID 控制器的参数整定方法有多种，在这里介绍其中的 4 种方法。

5.2.1   Ziegler-Nichols 方法

对于带延迟的一阶惯性环节的加工过程，如式(2 - 14)所示，可采用 Ziegler-Nichols 经验公式来整定 PID 参数。已知式(2 - 14)模型的 3 个参数 K、T_1 和 τ，PID 参数的计算如表 5 - 1 所示。

表 5－1　PID 参数的 Ziegler-Nichols 整定公式

控制形式	K_p	T_i	T_d
P	$T_1/(K\tau)$		
PI	$0.9T_1/(K\tau)$	3.30τ	
PID	$1.2T_1/(K\tau)$	2.2τ	0.5τ

延迟特性方程为：

$$c(t) = r(t - \tau)，\qquad (5-7)$$

式中，$r(t)$ 为输入量；$c(t)$ 为输出量；τ 为延迟时间。其相应的传递函数为：

$$G_p(s) = \frac{C(s)}{R(s)} = \mathrm{e}^{-\tau s},\qquad (5-8)$$

式中，e 为自然对数底数。

在 MATLAB 中有相应的延迟模块和近似传递函数的求取命令 Pade( )。对于 $\mathrm{e}^{-\tau s}$，其 Pade( ) 调用格式为：

$$[\mathrm{np},\mathrm{dp}] = \mathrm{Pade}(\mathrm{tau},\mathrm{n})$$

其中，tau 即是延迟常数 τ；n 为 pade( ) 近似的阶次，近似的传递函数分子、分母分别返回在 $[\mathrm{np},\mathrm{dp}]$ 中，即有

$$G_p(s) = \mathrm{e}^{-\tau s} \approx \mathrm{tf}(\mathrm{np},\mathrm{dp})。\qquad (5-9)$$

带有延迟环节的反馈控制系统中，其典型结构如图 5－15 所示。

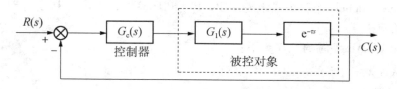

图 5－15　带有延迟环节的反馈控制系统结构图

在图 5－15 中，$G_c(s)$ 为控制器的传递函数；$G_1(s)$ 为没有带有延迟环节的普通传递函数，与 $\mathrm{e}^{-\tau s}$ 一起构成被控对象的传递函数。结合式（5－9），求得图 5－15 所示的反馈控制系统的闭环传递函数为：

$$G_{cl}(s) = \frac{G_c(s)G_1(s)\mathrm{e}^{-\tau s}}{1 + G_c(s)G_1(s)\mathrm{e}^{-\tau s}} \approx \frac{G_c(s)G_1(s)G_p(s)}{1 + G_c(s)G_1(s)G_p(s)}。\qquad (5-10)$$

在实际应用中，式（5－10）这种处理方式经常会导致在 $0 \sim \tau$ 时间间隔内出现微弱振荡，解决的办法是只对分母中的 $\mathrm{e}^{-\tau s}$ 作如式（5－9）的近似，此时有

$$G_{cl}(s) = \frac{G_c(s)G_1(s)\mathrm{e}^{-\tau s}}{1 + G_c(s)G_1(s)G_p(s)}。\qquad (5-11)$$

式(5-11)所示的传递函数可用图5-16来表示。

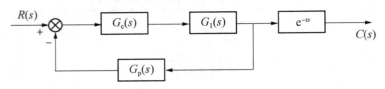

图5-16　带有延迟环节的反馈控制的近似结构图

图5-16 中的 $e^{-\tau s}$，可用 MATLAB 控制系统工具箱中的 set( ) 函数来实现。set( ) 函数的功能是设置或者修改线性时不变对象的属性值，其调用格式为：

set (sys,′PropertyName′, PropertyValue)

该函数将对象 sys 的 PropertyName 属性的值设为 PropertyValue。PropertyName 为任意 LTI 对象支持的属性名字符串。如果把图5-16 的闭环部分当作 LTI 对象，将其 InputDelay 属性设为 τ，即可实现带有延迟环节的反馈控制系统之等效模型的仿真，此时的 set( ) 函数为：

set(Gcl,′InputDelay′, tau)

Gcl 为图5-16 所示结构图闭环部分的等效传递函数，InputDelay 为对象 Gcl 中的输入延时属性，tau 即为延时常数 τ。

例5-4　已知加工过程传递函数为：

$$G(s) = \frac{500}{s + 1} e^{-0.5s},$$

试用 Ziegler-Nichols 经验公式来整定 P、PI、PID 参数，求参考切削力为 300N 时的阶跃响应。

用 MATLAB 编写的程序如下：

```
% exa5_4. m
    clear all
    K = 500;  T1 = 1;  tau = 0. 5;
    n1 = [ K];  d1 = [ T1 1];  G1 = tf( n1, d1);
    [ np, dp] = pade( tau, 2);
    Gp = tf( np, dp)
    S = input( 'Choose P, PI or PID control \ n 1. P \ n 2. PI \ n 3. PID \ n')
switch S
    case 1
        Kp = T1/( K * tau)
        Gc = Kp;
    case 2
        Kp = 0. 9 * T1/( K * tau), Ti = 3. 3 * tau,
        Gc = tf([ Kp * Ti Kp],[ Ti 0]);
    case 3
        Kp = 1. 2 * T1/( K * tau), Ti = 2. 2 * tau, Td = tau/2,
```

```
        Gc = tf([ Kp * Ti * Td  Kp * Ti  Kp],[ Ti 0]);
end
Gcl = feedback( G1 * Gc, Gp);
set( Gcl, 'InputDelay', tau);
t = 0: 0. 01: 5;
u = 300 * ones( size( t));
F = lsim( Gcl, u, t);
plot( t, F)
xlabel('{ \ itt} /s')
ylabel('{ \ itF} /N')
```

运行 exa5_4 后，显示如下提示信息：

```
Choose P, PI or PID control
1. P
2. PI
3. PID
```

输入 1 为 P 控制，输入 2 为 PI 控制，输入 3 为 PID 控制。利用 hold on 语句将三种控制的响应合在一个图上显示，并标注控制器名，得到图 5 – 17 所示的结果。

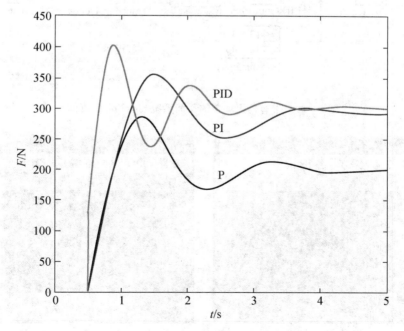

图 5 – 17　Ziegler-Nichols 法的 P、PI、PID 控制阶跃响应曲线

将该方法所求得的 P、PI 和 PID 控制参数列于表 5 – 2。

表 5 -2 PID 参数的 Ziegler-Nichols 整定值

控制形式	K_p	T_i	T_d
P	0.0040		
PI	0.0036	1.6500	
PID	0.0048	1.1000	0.2500

以全 PID 为例，将 K_p、K_i ($=K_p/T_i$) 和 K_d ($=K_pT_d$) 三个参数值填入图 5 - 18 所示的 PID 控制器中，就可实现图形化的 PID 控制。图 5 - 18a 为原系统的 PID 控制，图 5 - 18b 为相应的等效系统的 PID 控制。两者仿真运行后，结果如图 5 - 19 所示，两者响应几乎相同，由此可见等效系统较好地近似原系统。

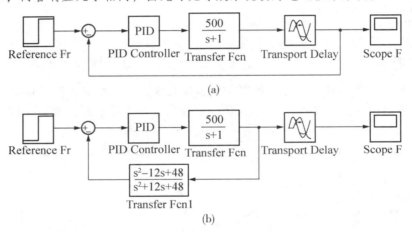

图 5 - 18 带有延迟环节的反馈系统 Simulink 仿真图

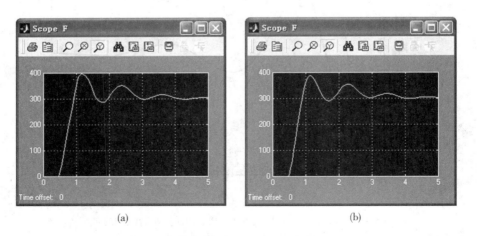

图 5 - 19 Ziegler-Nichols 法 PID 控制仿真响应曲线

5.2.2 稳定边界法

如果被控对象的传递函数不具有式(2-14)所示的模型形式，就不能直接用 Ziegler-Nichols 法来设计 PID 参数，要将被控对象模型拟合成对应的带延迟惯性环节的一阶模型，求得相应的 K、T_1 和 τ，然后再设计 PID 参数。此外，还有多种其他整定 PID 参数的方法，稳定边界法就是其中的一种，其整定 PID 参数的公式见表 5-3。

表 5-3 稳定边界法 PID 参数整定公式

控制形式	K_p	T_i	T_d
P	$0.5\,K_m$		
PI	$0.455\,K_m$	$0.85 \times 2\pi/\omega_m$	
PID	$0.6\,K_m$	$0.5 \times 2\pi/\omega_m$	$0.125 \times 2\pi/\omega_m$

求解 ω_m 和 K_m 的方法是：当 PID 调节器的 $T_d = 0$、$T_i = \infty$ 时，增加 K_p 值直到系统开始振荡，此时系统的闭环极点在复平面的 $j\omega$ 虚轴上，求得 K_p 系统闭环根轨迹与复平面 $j\omega$ 轴交点的振荡角频率 ω_m 及其对应的系统增益 K_m。

例 5-5 已知一个开环系统的传递函数为：

$$G(s) = \frac{s+2}{(s^2 + 4s + 3)^2},$$

试用稳定边界法来整定 P、PI、PID 参数，求其单位阶跃响应。

用 MATLAB 编写程序如下：

```
% exa5_5. m
num = [ 1 2 ] ;
den0 = [ 1 4 3 ] ;
den = conv( den0, den0 ) ;
G = tf( num, den ) ;
rlocus( G )
title( 'Root Locus' ) ;
[ km, p ] = rlocfind( G )
wm = imag( p( 2 ) )
S = input( 'Choose P, PI or PID control \ n 1. P \ n 2. PI \ n 3. PID \ n' ) ;
switch S
    case 1
        Kp = 0. 5 * km
        Gc = Kp;
```

```
      case 2
          Kp = 0. 455 * km;
          Ti = 0. 85 * 2 * pi/wm;
          Gc = tf( [ Kp * Ti Kp] , [ Ti 0] )
      case 3
          Kp = 0. 6 * km;
          Ti = 0. 5 * 2 * pi/wm;
          Td = 0. 125 * 2 * pi/wm;
          Gc = tf( [ Kp * Ti * Td Kp * Ti Kp] , [ Ti 0] )
end
figure
Gcl = feedback( G * Gc, 1) ;
step( Gcl)
```

运行 exa5_5. m 后，在命令窗口显示以下提示信息：

```
   Select a point in the graphics window
```

同时显示如图 5 - 20 所示的根轨迹图，图上显示有十字光标，选择根轨迹与虚轴的交点，用鼠标左键点击。在 MATLAB 的命令窗口中看到：

```
selected_point =
    - 0. 0047  +  3. 1553i
km =
    55. 4979
p =
    - 5. 9836
    0. 0008  +  3. 1524i
    0. 0008  -  3. 1524i
    - 2. 0180
wm =
3. 1524
Choose P, PI or PID control
1. P
2. PI
3. PID
```

选择 3 为 PID 控制，得到 PID 控制器为：

```
8. 268 s^2  +  33. 18 s  +  33. 3
- - - - - - - - - - - -
          0. 9966 s
```

此时 PID 控制的系统阶跃响应如图 5－21 所示。

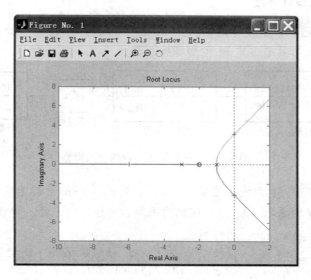

图 5－20   系统的根轨迹图

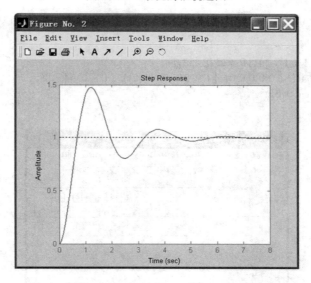

图 5－21   PID 控制的系统阶跃响应

由于用鼠标选择根轨迹与虚轴的交点，每次操作得到的结果可能会有些差别，要尽可能使极点的实部为 0。要求得更加精确的结果，可采用根轨迹设计工具。先用 rltool(G) 调用根轨迹设计工具，然后通过放大按钮来放大根轨迹与虚轴的交点处。当放大到可以清晰地看到交点位置时，用鼠标单击就可获得较为精确的结果。

5.2.3 根轨迹设计方法

例 5 - 6 已知一个采样时间为 10ms 的车削加工过程模型如图 5 - 22 所示，现用根轨迹设计工具来设定 PI 控制器的参数。

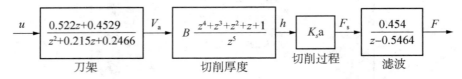

图 5 - 22 车削加工过程的离散模型

在图 5 - 22 中，u 为进给速度信号，V；V_a 为实际的进给速度，cm/s；h 为切削厚度，cm；B 为系数；K_s 为切削比力系数；a 为背吃刀量。化简后模型可用式 (5 - 12) 表示：

$$G(z) = \frac{F(z)}{u(z)} = K \frac{(z^4 + z^3 + z^2 + z + 1)(0.522z + 0.4529)}{z^5(z^2 + 0.215z + 0.2466)(z - 0.5464)}, \quad (5 - 12)$$

式中，$K = 0.454BK_s a$。

运行以下程序，可得到如图 5 - 23 所示的根轨迹图。

```
% exa5_6. m
num = conv([1 1 1 1 1],[0.522 0.4529]);
den = conv( conv([1 0 0 0 0 0],[1 0.215 0.2466]),[1  -0.5464]);
G = tf( num, den, 0.01);
rltool( G)
```

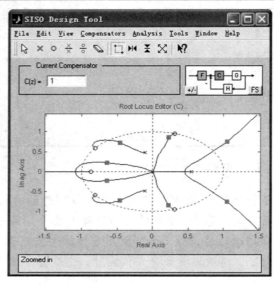

图 5 - 23 车削加工过程的根轨迹图

从图 5 – 23 可以看出，由于有极点落在单位圆之外，系统不稳定，此时图中右上角的 C、H 和 F 的传递函数都是 1。现要设计 C，在此采用 PI 控制器来实现。PI 控制器的离散传递函数可表示为：

$$C(z) = K_\mathrm{p} + K_\mathrm{i}\frac{z}{z-1} = \frac{(K_\mathrm{p} + K_\mathrm{i})z - K_\mathrm{p}}{z - 1} \text{。} \qquad (5-13)$$

由式(5 – 12)和式(5 – 13)得到包括 PI 控制器在内的开环传递函数：

$$G_\mathrm{op}(z) = C(z)G(z) \text{。} \qquad (5-14)$$

假设控制器的零点设在 0.6，由式(5 – 13)可得：

$$z = \frac{K_\mathrm{p}}{K_\mathrm{p} + K_\mathrm{i}} = 0.6 \text{。} \qquad (5-15)$$

现将 PI 控制器的零点 0.6 和极点 1 填入图 5 – 23 所示的补偿器 C 中的零点和极点，并将补偿器增益设为 0.1321，得到如图 5 – 24 所示的根轨迹图，此时，有两个极点刚好在单位圆上，系统位于临界稳定状态，这也可从阶跃响应得到证实(见图 5 – 25)。

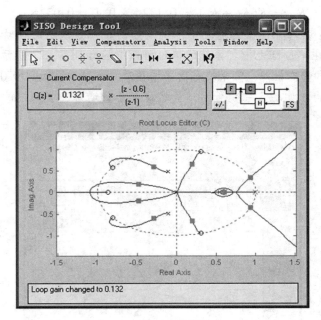

图 5 – 24 临界稳定根轨迹图

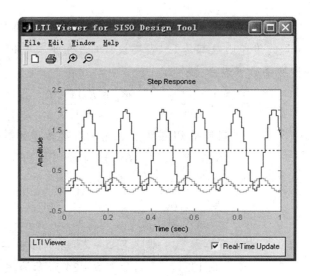

图 5 – 25　临界稳定状态的阶跃响应

现取临界稳定状态增益的 40% 作为本设计所需的开环增益，即此时有

$$K_{op} = K(K_p + K_i) = 0.1321 \times 0.4 = 0.0528 。 \qquad (5-16)$$

将 0.0528 填入补偿器的增益中，得到如图 5 – 26 所示的根轨迹图，此时系统所有极点均在单位圆之内。系统的单位阶跃响应如图 5 – 27 所示，此时系统具有较好的动态和静态性能。如果把补偿器增益进一步减少，如取 0.00528，此时系统的单位阶跃响应如图 5 – 28 所示，虽然稳定裕量增加，但系统的响应明显地变慢了。

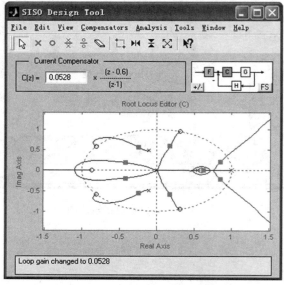

图 5 – 26　补偿器增益为 0.0528 时的根轨迹图

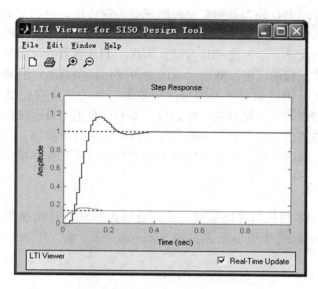

图 5 - 27　补偿器增益为 0.052 8 时的单位阶跃响应

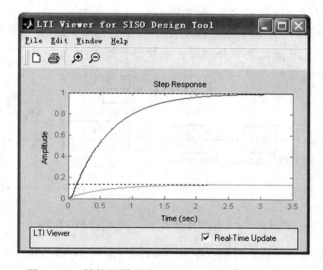

图 5 - 28　补偿器增益为 0.005 28 时的单位阶跃响应

　　在此例中，要确保系统稳定，补偿器的增益不能大于 0.132 1。实际上，接近 0.132 1 时，由于超调量太大和调整时间太长，生产上是不允许的。如果取值过小，系统响应变得缓慢。因此，要根据具体情况，选择合适的补偿器增益。一般可取临界稳定增益的 40% ~ 60% 作为系统设计的增益。联合式(5 - 15)和式(5 - 16)可求得 K_p 和 K_i。

本章主要介绍 PID 控制器参数整定的一些传统方法，有关非线性系统的 PID 控制器的参数的优化整定将在第 6 章介绍。此外，随着计算技术的发展，人们利用人工智能等方法来自动调整 PID 参数，实现了 PID 参数的智能整定。需要指出的是，如果加工过程的模型参数在大范围显著变化，参数固定的 PID 控制器可能不适用，此时可采用诸如变增益的自适应控制。有关自适应控制将在第 7 章介绍。目前各种控制算法的结合是一种趋势，如 PID 分别与自适应控制和智能控制结合而形成了自适应 PID 和智能 PID。由于 PID 控制简单实用，并被控制领域的广大工程技术人员所掌握，因此这些新型的 PID 容易被工业界接受。

5.2.4　优化方法

利用 MATLAB 提供的优化函数，并结合输出模块，可实现非线性系统的优化控制。下面以非线性最小平方函数 lsqnonlin( ) 为例，介绍 PID 参数的优化整定。

lsqnonlin( ) 函数是按照最小平方指标

$$J = \int e^2 \mathrm{d}t \qquad (5-17)$$

进行 PID 参数寻优，以确定 PID 参数。

例 5 - 7　待优化的 PID 控制器及被控对象如图 5 - 29 所示。由于加工过程的响应较快，因此可用比例积分控制，令微分系数 $K_\mathrm{d} = 0$。

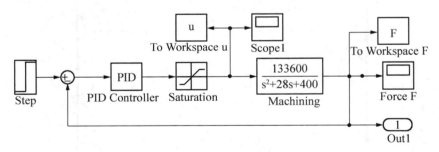

图 5 - 29　带饱和环节的加工过程优化 PID 控制

程序分为主程序 exa5_7. m、子程序 exa5_7a. m 和 Simulink 模块程序 exa5_7. mdl。输入阶跃信号的幅值设为 700，在 MATLAB 的工作空间输入 exa5_7，按回车运行后求得，$K_\mathrm{p} = 0.043\,1$、$K_\mathrm{i} = 0.081\,5$，系统的响应如图 5 - 30 所示。

```
% exa5_7. m
nl_pid0 = [ 0  0] ;
nl_pid = lsqnonlin( 'exa5_7a', nl_pid0)

% exa5_7a. m
```

```
function f = pid_ncd( nl_pid)
assignin( ′base′, ′Kp′, nl_pid(1) ) ;
assignin( ′base′, ′Ki′, nl_pid(2) ) ;
opt = simset( ′solver′, ′ode5′) ;
[ tout, xout, yout] = sim( ′exa5_7′, [ 0 1], opt) ;    % 调用 exa5_7. mdl
f = 700 - yout;
```

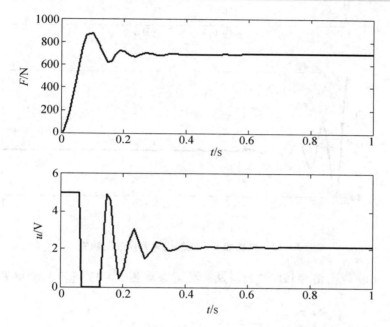

图 5 - 30   带饱和环节的加工过程优化 PID 控制响应

如果将线性系统看作是非线性系统的特例，那么这种优化方法也可以用线性系统的 PID 控制器的参数优化。图 5 - 31 是去掉图 5 - 29 中的非线性饱和环节而得到的线性系统，此时求得 $K_p = 0.0561$、$K_i = 0.0653$，系统的响应如图 5 - 32 所示，从图中可以看出，PID 控制器的输出不再受限于 $0 \sim 5V$。

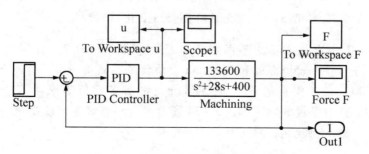

图 5 - 31   线性加工系统的优化 PID 控制

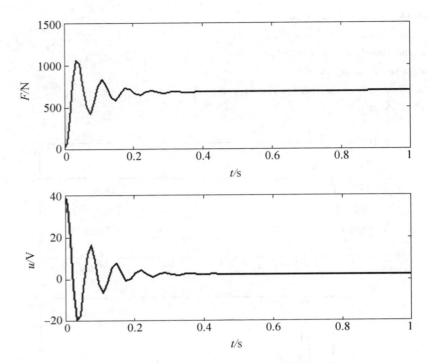

图 5 – 32　线性加工系统的优化 PID 控制响应

例 5 – 8　待优化的 PID 控制器及被控对象如图 5 – 33 所示，其中 $K = K_s a = 1670 \times 2$。

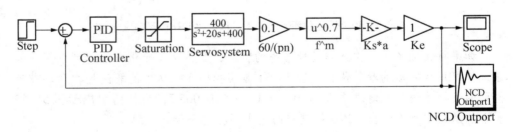

图 5 – 33　非线性加工过程的优化 PID 控制

与例 5 – 7 相比，主要的不同在于这里的指数 $m = 0.7$。程序分为主程序 exa5_8. m、子程序 exa5_8a. m 和 Simulink 模块程序 exa5_8. mdl。输入阶跃信号的幅值设为 700，在工作空间输入 exa5_8. m，按回车运行后求得 $K_p = 0.0072$、$K_i = 0.0339$。此时系统的响应如图 5 – 34 所示。可根据需要，设置程序 exa5_8. m 中的 options，进一步优化，获得更好的参数值。

```
% exa5_8. m
pid0 = [ 0 0] ;    % Set initial values
LB = [ 0 0] ;
options = optimset( 'TolX', 1e-8, 'TolFun', 1e-8, 'MaxFunEvals', 2000) ;
pid = lsqnonlin( 'exa6_5a', pid0, LB, [ ], options) ;
Kp = pid(1)
Ki = pid(2)


% exa5_8a. m
function F = exa5_8a( pid)
Kp = pid(1) ;            % Move variables into model parameter names
Ki = pid(2) ;
opt = simset( 'solver', 'ode5', 'SrcWorkspace', 'Current') ;
[ tout, xout, yout] = sim( 'exa5_8', [ 0 1], opt) ;
F = 700-yout;           % Compute error signal
```

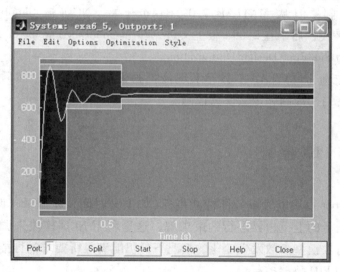

图 5 - 34   非线性加工过程的优化 PID 控制

6 加工过程的鲁棒控制

鲁棒控制（Robust Control）这一术语首次被提出是在 1972 年。鲁棒控制就是要试图描述被控对象模型的不确定性，并估计在某些特定界限下达到控制目标所留有的自由度。如第 2 章所述，加工过程的模型具有不确定性、非线性和时变性，因此研究加工过程的鲁棒控制非常必要。加工过程控制系统的设计与实现，要求在未知不确定性的情况下，仍然能使系统稳定并保持所希望的性能，这就是不确定性加工系统的鲁棒控制。

MATLAB6. X 有一个专用于非线性控制系统的优化设计的工具箱 NCD（nonlinear control design），可借助于 NCD 工具箱，实现 PID 控制系统的鲁棒与优化设计和控制。但从 MATLAB 7.0（R14）开始，NCD 被 Simulink Response Optimization 替代；后来在 2009a 版上又进一步和 Simulink Parameter Estimation 合并，被改名为 Simulink Design Optimization。

本章首先通过 MATLAB 工具箱实现传统的鲁棒 PID 控制，然后阐述两种鲁棒控制——变结构控制和定量反馈控制。

6.1 鲁棒 PID 控制

NCD Output 模块以时域特征性能指标（如上升时间、超调量、调整时间等）对系统响应信号的上下边界进行约束求解，这里利用 NCD 模块来调节 PID 控制器参数，在对象模型参数发生变化的情况下，仍能满足所要求的性能指标，即不确定性系统的 PID 鲁棒控制。

在 NCD Output 模块中，约束边界是可以修改的，缺省边界为单位阶跃指标。本节从简单的比例控制例子开始，最后介绍加工过程的 PID 参数的鲁棒优化整定。

例 6 - 1   一个单入单出（SISO）的二阶负反馈系统如图 6 - 1 所示，其控制作用包括一个比例控制（K_p）和一个饱和的积分环节，在其输出经一个延时环节，再连接到 NCD Output1 模块。

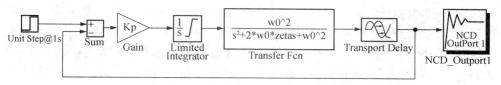

图 6-1 不确定系统的比例控制

该系统模型的 ζ(zeta)和 ω_0(w0)两个参数在一定范围变化，其中 ζ 的下限和上限分别为其公称值的 90% 和 110%，ω_0 的下限和上限分别为 0.7 和 1.4。现设计比例控制系统(即求比例增益 K_p)，使闭环系统满足如下性能指标：

(1)最大超调量不大于 10%；

(2)上升时间不大于 10s；

(3)调整时间不大于 30s。

由于系统有两个非线性环节：饱和环节和延时环节，用标准的线性控制系统方法设计时，可能得不到可靠的结果，现用 NCD 工具箱求解。在此例中，采用单位阶跃输入，仿真结束时间设为 50s，在 MATLAB 工作空间运行初始化程序 exa6_1a. m 或直接输入以下语句使不确定变量和被调整参数初始化：

```
% exa6_1a. m
zeta = 1;
w0 = 1;
Kp = 0. 3;
```

在 Simulink 环境下，打开图 6-1 所示的仿真模型(文件名为 exa6_1. mdl)，双击 NCD Output1 模块就弹出 NCD Blockset 约束窗口，如图 6-2 所示。

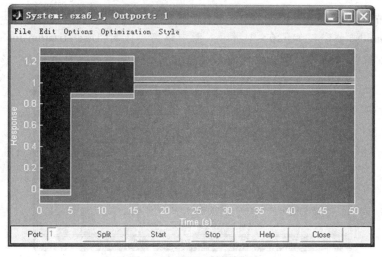

图 6-2 NCD 约束窗口

图 6 - 2 所示的是缺省的约束边界，其定义上升时间为 5s，调整时间为 15s，表示系统的响应曲线应落入由图中上下边界所构成的区间内。可根据要求用鼠标直接在图 6 - 2 上调整或用【Options \ Step Response...】命令来设定。如图 6 - 3 所示，将调整时间（Settling time）设为 30，这个数值是指响应达到终值设定的允许范围内（用百分比来表示；图中的 Percent settling 设为 5，也可设为其他值）所需要的时间；上升时间（Rise time）设为 10，是指响应从终值的 10% 上升到 90%（Percent rise）所需要的时间；超调量百分数（Percent overshoot）为 10；振荡的负幅值百分数（Percent undershoot）为 1；阶跃时间（Step time）为 0；终止时间（Final time）为 50；初始值（Initial output）为 0；最终值（Final output）为 1。

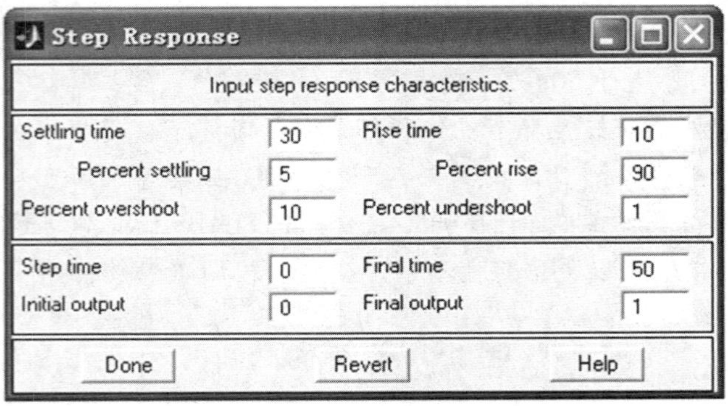

图 6 - 3　阶跃响应特征参数的设置

还可通过【Options \ Time range...】命令来设置时间范围和时间轴的标注、【Y - Axis...】命令来设置阶跃响应的范围。

用【Optimization \ Parameters...】命令来设置需要优化调整的参数。在本例只有一个比例增益 K_p，在 Tunable Variables 中填入 K_p，其下限（Lower bounds）和上限（Upper bounds）留空，如图 6 - 4 所示。图中将离散区间（Discretization interval）项设为 0.5，其取值与优化时所受的约束条件数有关，一般取仿真总时间的 1%～2%。

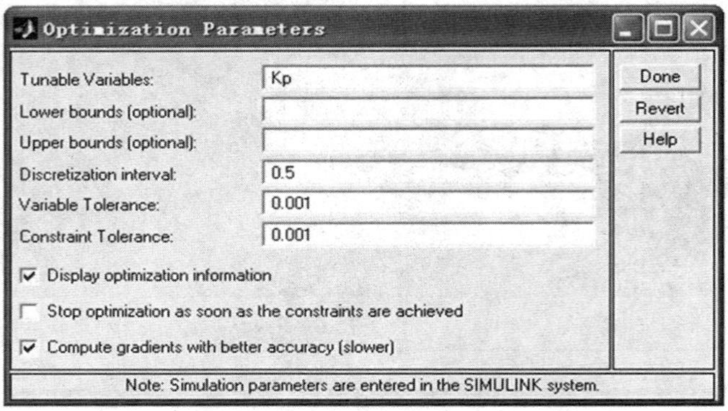

图 6 - 4　优化参数的设置

用【Optimization \ Uncertainty...】命令来设置不确定变量，如图 6-5 所示，不确定变量包括 zeta 和 w0（变量与变量用空格或逗号分隔），zeta 的下限和上限分别为其标称值的 90% 和 110%，w0 的下限和上限分别为 0.7 和 1.4。NCD 模块优化缺省约束为标称模型，要在优化仿真过程中，实施下限和上限的模型的约束，必须选择相应的多选框，还可选择下限和上限之间的任意模型来约束优化过程，此时只需要在前面标有"Number of Monte Carlo simulations"的文本框中输入约束模型的数目，并

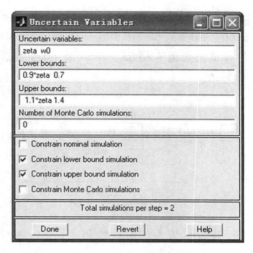

图 6-5　不确定参数的设置

选上"Constrain Monte Carlo simulations"按钮，这样实现任意数目的模型约束优化，下方有一行状态栏，说明每次调用优化目标函数时的仿真数。此例只受下限和上限的模型的约束，每次调用优化目标函数时进行 2 次仿真。

增加约束模型可获得更好的鲁棒性系统，但同时增加优化时间。建议在优化时，用尽可能少的约束模型，而在分析和校验时，可多次用 Monte Carlo 选项来验证设计。比如，只用下限和上限的模型来约束优化进程，优化结束后，只要在"Number of Monte Carlo simulations"中输入一个合适的数目，来验证设计是否合乎要求。如果不满足要求，再选用 Monte Carlo 选项来优化。

用上述图 6-3~图 6-5 的参数设置来进行优化，刚开始时，NCD 模块绘制两条初始响应曲线，并不断刷新另两条响应曲线，这些曲线分别对应下限和上限模型的输出，通常 NCD 对每个约束模型都相应地绘制一条响应曲线，并在命令窗口中不断显示相关信息，如果不需要显示相关信息，只要去掉图 6-4 中"Display optimization information"选项即可。

运行优化结束后得到如图 6-6 所示的结果，同时得到 K_p 值为 0.1823。

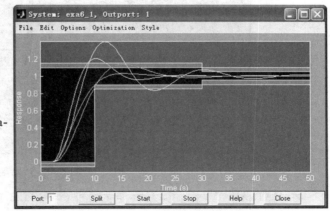

图 6-6　例 6-1 的优化响应曲线

例6-2 不确定系统 PID 控制如图 6-7 所示，有一个速度限制环节 Rate limit（±0.8）和一个饱和环节 saturation（±2），其中对象的模型参数 a_2 和 a_1 的标称值分别为 43 和 3，而 a_2 在 40～50 之间变化，a_1 在其标称值的 1/2～2 倍之间变化。

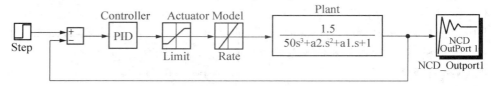

图 6-7　不确定系统的 PID 控制

现设计该系统的鲁棒 PID 控制，其性能指标为：

（1）最大超调量不大于 20%；

（2）上升时间不大于 10s；

（3）调整时间不大于 30s。

在进行系统设计之前，让我们了解一下该负反馈系统（a_2 和 a_1 取标称值）的单位阶跃响应，即 $K_p = 1$ 的纯比例控制，如图 6-8 所示。该系统上升时间较长，纯比例控制性能欠佳，因此可通过下述的约束优化设计，获得合适的 PID 参数和更好的控制性能。

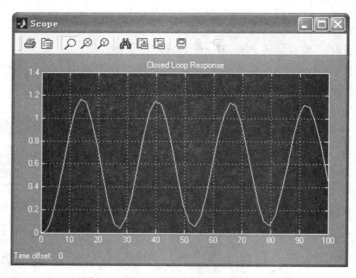

图 6-8　纯比例控制的单位阶跃响应

在 MATLAB 工作空间运行初始化程序 exa6_2a.m 或直接输入以下语句使不确定变量和被调整参数初始化：

```
% exa6_2a
a2 = 43;
a1 = 3;
Kp = 0.63;
Ki = 0.0504;
Kd = 1.9688;
```

上述 PID 参数初始值用 Ziegler-Nichols 方法求得。

按例 6-1 类似地设定有关的参数和性能指标，在 NCD 模块窗口按 Start 运行，优化结束后得如图 6-9 所示的结果，同时得到 PID 的参数 $K_p = 1.519\,5$、$K_i = 0.136\,0$、$K_d = 7.842\,7$。

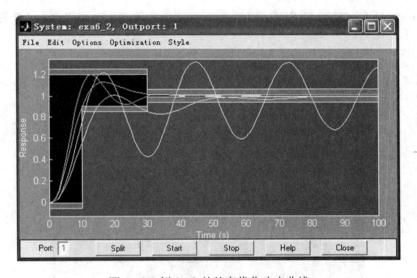

图 6-9 例 6-2 的约束优化响应曲线

例 6-3 加工过程模型如下：

$$\frac{F(s)}{u(s)} = \frac{60K_n K_s K_e a\omega_n^2/(pn)}{s^2 + 2\zeta\omega_n s + \omega_n^2} = \frac{K}{s^2 + a_2 s + a_1},$$

式中，$K = 60K_n K_s K_e a\omega_n^2/(pn)$，$a_2 = 2\zeta\omega_n$，$a_1 = \omega_n^2$。在加工过程中，由于背吃刀量、主轴转速、自然频率和阻尼系数等变化，导致 K、a_2 和 a_1 变化，现已知 K 在 $66\,800 \sim 200\,400$ 之间变化，a_2 在 $8 \sim 32$ 之间变化，a_1 在 $100 \sim 400$ 之间变化，要求设计一个 PID 控制器（输出电压为 $0 \sim 5\mathrm{V}$），以实现该不确定加工过程的控制，如图 6-10 所示，其指标如下：

(1)最大超调量不大于20%；

(2)上升时间不大于1s；

(3)调整时间不大于3s。

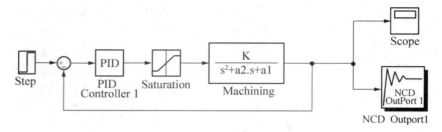

图 6 - 10　不确定加工过程的 PID 控制

系统模型的不确定变量有 3 个，待优化调整变量与例 6 - 2 相同，都为 PID 的参数，但这里的加工过程的响应较快，如图 6 - 11 所示。该图是在纯比例控制（$K_p = 1$）作用下，模型的 $K = 133\,600$、$a_2 = 20$、$a_1 = 250$ 时的阶跃（终值为 700）响应。

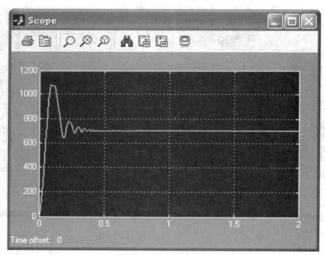

图 6 - 11　纯比例控制的阶跃响应

下面通过 NCD 优化来求解 PID 参数，运行初始化程序 exa6_3a.m 或直接输入以下语句使不确定变量和待调整参数初始化：

```
% exa6_3a. m
Kp = 0. 001;
Ki = 0. 1;
Kd = 0. 001;
K = 133600;
a2 = 20;
a1 = 250;
```

设定有关的参量和性能指标，在 NCD 模块窗口点击 start 运行，优化结束后得如图 6 - 12 所示的结果，同时得到 PID 的参数 $K_p = 0.0034$、$K_i = 0.0992$、$K_d = 9.2030e - 004$。

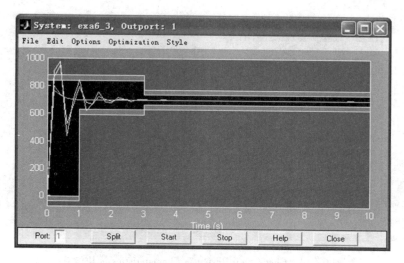

图 6 - 12　例 6 - 3 的约束优化响应曲线

对于安装了高版本 MATLAB 的用户，可利用 Simulink Design Optimization 中的 Check Step Response Characteristics 代替 NCD 模块，比如对例 6 - 1，经替换后得到图 6 - 13 所示的模型，相应地将例子的文件名称改为 exa6_1h. mdl（其中 h 代表高版本）。

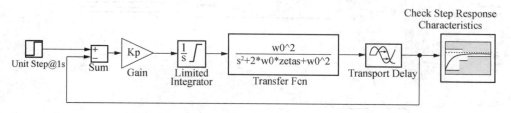

图 6 - 13　用 Check Step Response Characteristics 代替 NCD 模块后的例 6 - 1

与前述的 NCD Blockset 类似（见图 6 - 2），可在 Check Step Response Characteristics 窗口中设置阶跃响应特性，如图 6 - 14 所示。点击【Response Optimization...】命令，并在后续出现的 Response Optimization 界面中，在【Design Variables Set】下拉选项中新建并添加 K_p，在【Uncertain Variables Set】下拉选项中添加 zeta 和 w0，并设置它们的下限和上限。设置好优化变量和不确定性变量以

及给出模型初始值之后，点击【Plot Model Response】如图 6 – 14 所示的系统初始响应，再点击【Optimize】就可以进行控制器参数优化。类似地，上述的其他例子也可用 Check Step Response Characteristics 代替 NCD 模型来实现。

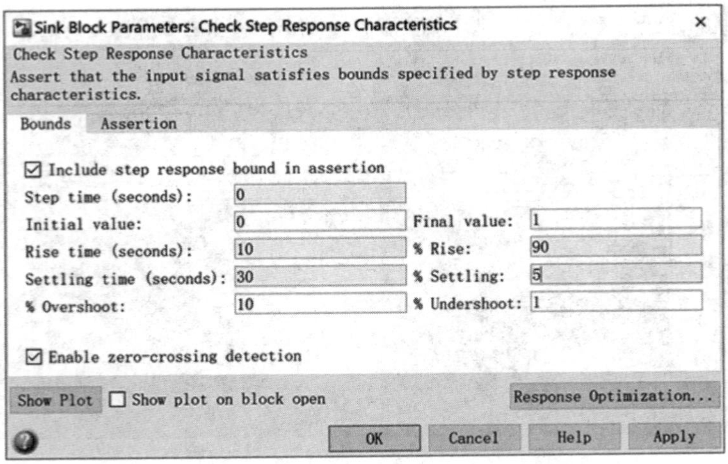

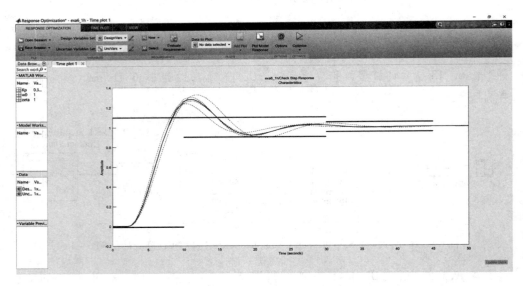

图 6 – 14 Check Step Response Characteristics 模块设置

图 6 – 15 例 6 – 1 的 Check Step Response Characteristics 初始响应

6.2 变结构控制

在实际的生产过程中，由于受到各种不确定因素的影响，加工过程存在着模型、参数和测量不确定性，这些不确定信息很难用精确的数学形式来表达，但是绝大部分都是可以用有界的某种隐式函数来表述。变结构控制是因其滑模运动对系统摄动和外部干扰具有完全的鲁棒性（不变性）而受到国内外众多专家学者的重视，其在处理一些有界的摄动和干扰等不确定信息方面有独特的长处。一般所说的变结构控制是指滑动模态控制，它的特殊之处在于控制系统在切换面上将会沿着一固定轨迹产生滑动运动，所以也称为滑动模态变结构控制系统。广义来说，在控制过程（或瞬态过程）中，系统结构（或模型）能够发生变化的系统，都称为变结构系统。

6.2.1 滑模变结构控制原理

假设一个二阶系统由下面微分方程描述：

$$\begin{cases} X'_1 = X_2 \\ X'_2 = -a_1 X_1 - a_2 X_2 - bu \end{cases}, \quad (6-1)$$

式中，X_1，X_2 是状态变量；u 为控制变量；a_1，a_2 和 $b(b>0)$ 为常参数或时变参数，其精确值可以未知。令

$$u = \begin{cases} u^+ & \text{当 } CX_1 + X_2 > 0 \\ u^- & \text{当 } CX_1 + X_2 < 0 \end{cases}, \quad (6-2)$$

式中，$C>0$，且 $u^+ \neq u^-$。$S = CX_1 + X_2$ 为切换函数，$S=0$ 是切换线。它的特别之处就在于 $u^+ \neq u^-$，这就是变结构控制的数学描述。当切换函数 $S = CX_1 + X_2$ 满足

$$u = \begin{cases} \lim\limits_{S \to 0^+} S' < 0 \\ \lim\limits_{S \to 0^-} S' > 0 \end{cases} \quad (6-3)$$

时，保证了在切换线任何一侧的领域中，状态 X 的运动都将朝向切换线。式(6-3)就是所谓的到达条件。假若切换速度无限快，则可以把状态 X 限制在 $S=0$ 上。由于惯性的存在，实际的状态轨迹如图 6-16 所示。

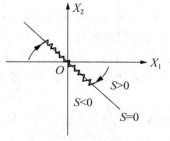

图 6-16 系统状态运动轨迹

前面所述的切换线方程

$$S = CX_1 + X_2 = 0 \qquad (6-4)$$

称为滑动模态方程。

对切换函数 $S = CX_1 + X_2$ 求导，并令

$$S' = CX_1' + X_2' = 0 , \qquad (6-5)$$

代入方程(6-1)可解出等效控制为

$$u_{eq} = b^{-1}[-a_1 X_1 + (C - a_2)X_2]。 \qquad (6-6)$$

所谓变结构控制不变性就是方程(6-4)与系数 a_1 和 a_2 以及外部的扰动无关。由方程(6-4)描述的滑动运动只取决于系数 C。

6.2.2　变结构控制器的设计

设计变结构控制器主要的两个步骤就是设计切换函数 $S(x)$ 以及求出相应的控制 $u(x)$，使得在闭环系统中：

（1）存在滑动模态（或是切换流形）；

（2）所有相轨线在有限时间内到达切换线 $S(x) = 0$；

（3）$S(x) = 0$ 上的最终滑动模态渐近稳定，并且具有满足使用要求的良好品质。

假设某非线性时变系统由状态方程

$$\boldsymbol{X}' = \boldsymbol{A}\boldsymbol{X} + bu, \boldsymbol{X} \in \mathbf{R}^n, u \in \mathbf{R}^1 \qquad (6-7)$$

描述，切换函数为

$$S = \boldsymbol{C}\boldsymbol{X} = c_1 x_1 + c_2 x_2 + \cdots + c_n x_n, \qquad (6-8)$$

现在求式(6-2)所示的变结构控制，使得系统在滑动面(线) $S = 0$ 上存在滑动模态区，且滑动运动和正常趋近运动也有良好的品质。

假设式(6-7)具有简约型（如果不是简约型，可以通过线性变换变为简约型）：

$$\begin{cases} \boldsymbol{X}_1' = \boldsymbol{A}_{11}\boldsymbol{X}_1 + \boldsymbol{A}_{12}x_2 \\ x_2' = \boldsymbol{A}_{21}\boldsymbol{X}_1 + \boldsymbol{A}_{22}x_2 + bu , \\ S = \boldsymbol{C}_1\boldsymbol{X}_1 + c_2 x_2 \end{cases} \qquad (6-9)$$

式中，$\boldsymbol{X}_1 \in \mathbf{R}^{n-1}$；$c_2, x_2 \in \mathbf{R}^1$；$\boldsymbol{C}_1$ 为 $(n-1)$ 维向量。

已有定量证明表明，若 $(\boldsymbol{A}, b)$ 可控，则 $(\boldsymbol{A}_{11}, \boldsymbol{A}_{12})$ 是可控阵对，也表明滑动模态是可控的，此时可用极点配置法设计切换函数。因此，存在向量 $\boldsymbol{K}$，使得 $(\boldsymbol{A}_{11} - \boldsymbol{A}_{12}\boldsymbol{K})$ 的极点集 σ 等于预先给定的滑动模态极点集 Λ，即

$$\sigma(\boldsymbol{A}_{11} - \boldsymbol{A}_{12}\boldsymbol{K}) = \Lambda , \qquad (6-10)$$

可求得 $\boldsymbol{K} = c_2^{-1}\boldsymbol{C}_1$，即可得切换函数的系数矩阵

$$\boldsymbol{C} = [\boldsymbol{C}_1, c_2] = [c_2\boldsymbol{K}, c_2] = c_2[\boldsymbol{K}, 1] , \qquad (6-11)$$

取 $c_2 = 1$，则唯一确定 $\boldsymbol{C} = [\boldsymbol{K}, 1]$，至此，即设计出了满足要求的切换函数。

6.2.3　变结构控制抖振问题

变结构控制是一种开关型控制，它在工作过程中频繁地切换系统的控制状态。其抖振产生的根本原因是在实际的控制系统中不可能实现理想的切换，存在惯性及对象未建模动力学的影响，所以对一个实际的 VSC 系统而言，抖振是一定存在的。抖振问题的存在是变结构控制深入应用的主要障碍，解决此障碍主要有两个途径：①对理想切换采用连续近似；②采用调整到达速率。前者虽然消除了抖振，却使控制器失去了宝贵的抗摄动、抗干扰的特性，从而限制了它的应用范围，所以后者成为研究的重点。下面介绍几种削弱抖振的措施。

1）边界层法

所谓的边界层法就是设定一个边界层，以饱和函数 $\mathrm{sat}(s)$ 代替符号函数（开关函数）$\mathrm{sgn}(s)$，即有：

$$\mathrm{sat}(s) = \begin{cases} +1 & \text{当 } s \geqslant \Delta \\ 1/\Delta & \text{当 } |s| < \Delta \\ -1 & \text{当 } s \leqslant -\Delta \end{cases}, \qquad (6-12)$$

式中，Δ 就是设定的边界层，它可以是常数，也可以设置成变量，进行自适应调节。这种方法实际上是引入了连续函数 $\mathrm{sat}(s)$ 使得系统变成了连续系统。

2）趋近律方法

根据已有分析，引起抖振的主要因素是运动的惯性，因而只要合理地选择趋近律的参数就可以实现减小抖振的目的，如对于应用较多的指数趋近律：

$$s' = -\varepsilon\mathrm{sgn}(s) - ks, \qquad (6-13)$$

由于 s' 是表示到达切换面（线）的趋近速度，取 ε 足够小，k 比较大。这样，当 s 较大即离切换面较远时趋近速率就大，反之则小，从而达到响应快而又减小抖振的目的。

3）高增益的连续化方法

对于标量控制

$$u = -k\mathrm{sgn}(s) = -k\frac{s}{|s|},$$

用下面的光滑函数代替

$$u = -k\frac{s}{|s| + \delta}, \quad \delta > 0 \text{。} \qquad (6-14)$$

这是一种高增益反馈，它对于抑制抖振有利，但实现起来会有一定困难。

4）基于状态的边界层法

这种方法也是一种边界层方法，与第一种不同的是这里设计的边界层不是常值，而是状态的函数。在第一种方法中，固定了边界层宽度，它能减小抖振，却降低了控制精度，为了解决这个矛盾，引入基于系统状态边界层的控制思想，使边界层宽度正比于系统状态的模，自动地调节边界层宽度，从而到达控制要求。

例 6 - 4　加工过程如第 2 章的模型 1，其中 $n = 600$，$K_n = 1$，$K_s = 1670$，$K_e = 1.5$，$\xi = 0.7$，$\omega_n = 20$，$m = 0.7$。设期望切削力 $F_r = 400$N，切削力采样和控制周期 $T = 0.001$s，背吃刀量 a 作台阶式变化。

采用前述的基于固定边界层的变结构控制，得到如图 6 - 17 所示的 Simulink 实现框图，其中固定边界层（见公式（6 - 12））的实现如图 6 - 17b 所示，它封装于图 6 - 17a 所示的变结构控制器之中。

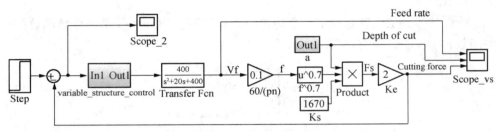

(a) 总体模块图

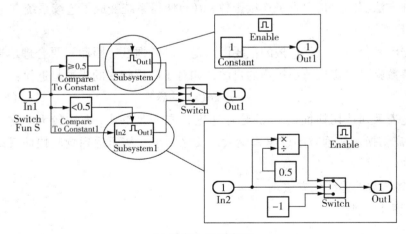

(b) 固定边界层实现

图 6 - 17　例 6 - 4 的 Simulink 模块实现

运行后，得到如图 6 - 18a 所示仿真结果，从其放大图（图 6 - 18b）来看，系统的稳态性能很好，稳态误差较小，响应速度也很快。

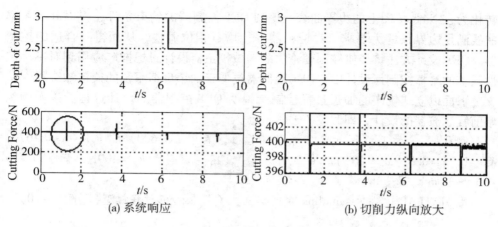

(a) 系统响应　　　　　　　　　　(b) 切削力纵向放大

图 6 – 18　基于固定边界层的变结构控制仿真结果

6.3　QFT 控制

定量反馈理论(quantitative feedback theory，QFT)是一种比较新颖的鲁棒设计方法，它以经典控制理论为设计基础，将经典控制理论中的频率校正器设计思想推广应用到对不确定性系统的鲁棒控制设计，利用反馈信息将对象的不确定范围和系统的性能指标用定量的方式在 Nichols 图上形成边界，进而以基准对象的开环频率曲线满足边界条件为要求在图上对系统进行设计与综合。

QFT 是以已经成熟的经典控制理论为设计基础的，这决定了它在工程控制中的可行性。QFT 方法可用于带有很大不确定性的单变量、多变量及非线性等系统的鲁棒设计，它不需像 H_∞ 方法那样要有很深的数学基础，因此 QFT 是目前鲁棒控制领域中具有较强工程使用价值的一种设计方法。

QFT 的一般设计结构如图 6 – 19 所示，图中 $P(s)$ 是有着不确定性的被控对象，$G(s)$ 和 $F(s)$ 为所要设计的 QFT 控制器和前置滤波器，d_1 和 d_2 为外部干扰输入，r 和 y 分别为输入和输出。

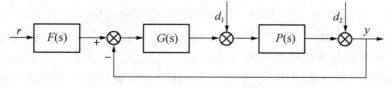

图 6 – 19　QFT 控制系统结构

QFT 的基本设计思想是将被控对象的不确定范围和闭环系统的性能指标(主要有跟踪性能指标、稳定性和稳定裕度指标及抗干扰性能指标等)用定量的方式转化为在 Nichols 图上的边界曲线，得到 QFT 控制器的约束条件，再以开环频率曲线满足边界条件为要求，对控制器进行增益相位调整，从而得到合适的控制器。QFT 设计方法将经典控制理论中的频域校正器设计思想推广应用到对不确定性系统的鲁棒控制律设计中，QFT 控制器类似于一个反馈系统的校正补偿器。

下面以立式铣床的加工过程控制来说明 QFT 控制器的设计过程。该实例忽略前置滤波器的设计，即假设 $F = 1$。

例 6 - 5 加工过程如第 2 章的模型 1，其中 $n = 600$，$K_n = 1$，$K_s = 1670$，$K_e = 1$，$\xi = 0.5$，$\omega_n = 20$，$m = 0.7$，$p = 3$。设期望切削力 $F_r = 400\text{N}$，背吃刀量 a 在 $1 \sim 3\text{mm}$ 之间变化。

用 MATLAB 软件的 Simulink 功能建立立式铣床加工过程模型（见图 6 - 20）。

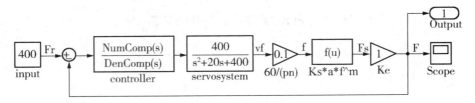

图 6 - 20　立式铣床加工模型

根据铣床加工系统的闭环跟踪性能指标，表 6 - 1 给出了特定的频率点及相应的闭环频率响应的上下边界。

表 6 - 1　系统跟踪性能上下边界

频率/Hz	1	2	5	10	15	20
上边界/dB	1	1.5	2	2	- 0.5	- 2.5
下边界/dB	- 2	- 3	- 4	- 6	- 10	- 15
相位角/deg	- 30	- 50	- 90	- 130	- 170	- 200

当不加入 QFT 控制器时，对图 6 - 20 所示的模型进行计算，将输出结果通过快速傅里叶变换得到系统的闭环响应；又由图 6 - 19 可知，系统闭环传递函数 $T_r = FGP/(1 + GP)$，由此得其开环传递函数 $T_C = T_r/(F - T_r)$，当 $F = 1$ 时，$T_C = T_r/(1 - T_r)$，因此通过编程由系统的闭环响应输出经过反 Nichols 运算，就可得到系统开环频率响应。这时，开环频率曲线上各频率点均在边界曲线之下。加入 QFT 控制器并经过调整控制器的增益和零极点，使得开环频率曲线的频率点在边界曲线之内，如图 6 - 21 所示（图中 B1 ~ B6 是表 6 - 1 中所选定的 6 个频率点的跟踪性能边界曲线）。从图中可以看到，所选的 6 个频率点的开环频率响应都在对应的跟踪性能边界曲线所围成的区域的内侧，符合 QFT 设计的目标，此时所求得 QFT 控制器传递函数为：

$$G(s) = \frac{29.6(s + 7587)(s + 29.45)}{(s + 1.682 \times 10^4)(s + 1054)} \, 。$$

$(6-15)$

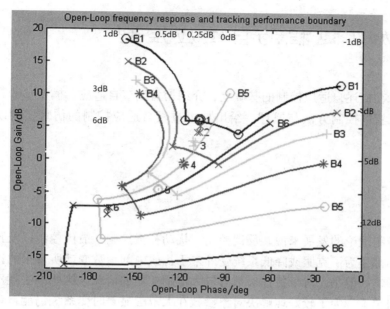

图 6 – 21　加入 QFT 控制器的开环频率响应和跟踪性能边界

在 MATLAB 的 Simulink 环境下对铣床加工 QFT 控制系统进行仿真，得到如图 6 – 22 所示的控制效果，可以看出，系统响应输出较平稳，当切削深度发生变化时，仍能保持较好的鲁棒性。

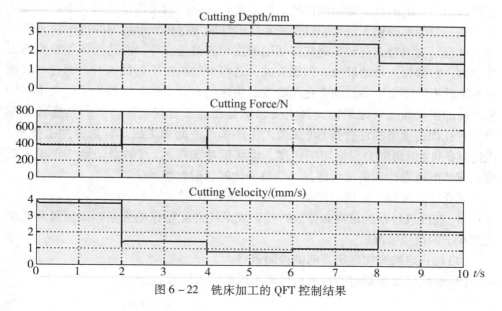

图 6 – 22　铣床加工的 QFT 控制结果

7 加工过程的自适应控制

本章在概述自适应控制的基础上，介绍增益调节自适应、模型参考自适应和零极点配置的控制方法与原理，给出加工过程自适应控制的仿真实验以及应用实例。

7.1 概论

从控制理论的发展来说，反馈控制、扰动补偿控制、最优控制以及预编程序控制等，都是为了克服或降低系统受外来干扰或内部参数变动所带来的控制品质恶化的影响。但是，对于特性参数有较大范围变化的情况，这些方法就不能很好地解决问题了。为了较好地解决对象参数在大范围显著时变系统仍能自动地保持在接近某种意义下的最优运动状态的问题，提出了一种新的设计思想——自适应控制的设计思想。

1974 年法国 Landau 提出比较具体的自适应控制的定义："一个自适应系统，利用其中的可调系统的各种输入、状态和输出来度量某个性能指标，将所测得的性能指标与规定的性能指标做比较，然后由自适应机构来修正可调系统的参数或者产生一个辅助的输入信号，以保持系统的性能指标接近于规定的指标。"传统的加工过程是由编程人员预先确定好切削速度和进给速度等，而这些预先给定的工艺参数，与编程人员的经验和知识有关。这些参数往往不是最优的，而且一旦确定下来就不能随切削条件的变化而改变。机床的自适应控制正是为了适应不同切削条件的需要而发展起来的，其主要思想是在加工过程中随时实测某些状态参数，并且根据预定的评价指标(如最大生产率、最低加工成本、最好加工质量)或约束条件(恒切削力、恒切削速度、恒切削功率等)，及时自动地修正输入参数，使切削过程达到最佳状态，以获得最优的切削效益。

综合以上可知，自适应控制系统应该有以下功能：

(1)在线进行系统结构和参数的辨识或系统性能指标的度量，以便得到系统当前状态的改变情况。

(2)按一定的规律确定当前的控制策略。

(3)在线修改控制器的参数或可调系统的输入信号。

当然，按照这些要求所设计的自适应控制系统比常规的调节器要复杂得多，但是随着现代控制理论的蓬勃发展所取得的一些成果，诸如状态空间分析法、系统辨识与参数估计、最优控制、随机控制和稳定性理论等，为自适应控制的形成和发展提供了理论基础。另一方面，微处理机的迅速发展及其价格性能比不断降低，为采用复杂的自适应控制创造了物质条件，使得自适应控制成功地应用于许多实际工程中。

7.2 自适应控制的基本思想及控制模型

7.2.1 自适应控制原理

各种自适应控制方法的基本思想都是一致的，即通过实时地了解过程对象的动态特性，并适应性地在线调整控制规律，以使其在过程动态特性发生变化时仍能有效地控制。概括起来自适应系统包括三个必要的组成部分：一是对过程对象的动态性能的观察和了解；二是控制器的自适应调节机构；三是可调控制器。自适应控制系统原理框图如图 7 – 1 所示。

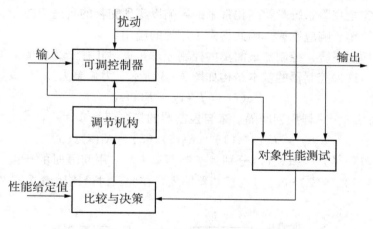

图 7 – 1 自适应控制系统原理图

7.2.2 控制模型

对于具体的切削加工过程，自适应控制模型如图 7 – 2 所示，其中加工过程各参数与第 2 章所述相同，因此加工过程模型的增益 K 随背吃刀量、主轴转速和进给量的变化而变化，由此可见引入自适应控制的必要性。

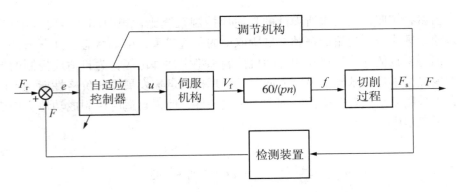

图 7 - 2　切削加工过程自适应控制模型

7.3　增益调整自适应控制

增益调整自适应控制系统结构和原理比较直观，调节器按受控过程的参数已知变化规律进行设计。当参数因工作情况和环境变化而变化时，通过能测量到的系统的某些变量，经过计算并按规定的程序来改变调节器的增益结构，这种系统虽然难以完全克服系统参数变化带来的影响以实现完善的自适应控制，但是由于系统结构简单、响应迅速，因此得到了广泛的应用。

对于切削系统，控制器最简单的控制原理是提供正比于力偏差 e 的进给速度的校正值。这种控制器的基本结构如图 7 - 3 所示，力偏差为：

$$e(i) = F_r(i) - F(i)，$$

式中，i 为第 i 个采样周期间隔。来自控制器的指令信号 u 为：

$$u(i) = K_p(i)x(1) + K_d(i)x(2) + K_i(i)x(3)，$$

式中，$K_p(i)$、$K_d(i)$ 和 $K_i(i)$ 分别为控制器第 i 个采用间隔时的比例、微分、积分增益；$x(1)$、$x(2)$ 和 $x(3)$ 为控制器输入。在此只讨论比例增益 K_p 在线调整的控制方法。

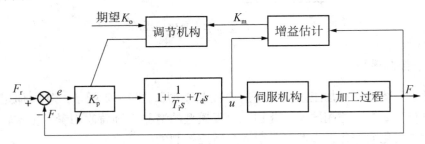

图 7 - 3　增益调节自适应控制系统

当背吃刀量 a 变化时，估算器应实时地测量 $K_s a / f^{m-1}$ 值。由第 2 章模型可知，它对开环增益有很大影响。然而，直接估算此值，要求附加一个使传感器及计算机连接的输出通路，因而需估算一个过程增益 K_m 的值。该值含有下面规定的量，定义为

$$K_m = 60 K_e K_s a / (pn) f^{m-1} 。 \qquad (7-1)$$

根据定义，在稳态时 K_m 由下式给出：

$$K_m = \frac{F}{u} , \qquad (7-2)$$

由 F 及 u 值可计算得到过程增益。其次，控制器增益 K_p 可按下式调节：

$$K_p = \frac{K_o}{K_m} , \qquad (7-3)$$

式中，K_o 为所需开环增益。

例 7 - 1　加工过程如第 2 章的模型 1，其中 $n = 600 \mathrm{r/min}$，$K_n = 1 \mathrm{mm/(V \cdot s)}$，$K_s = 1670 \ \mathrm{N/mm^2}$，$K_e = 1$，$a = 2 \mathrm{mm}$，$\zeta = 0.7$，$p = 1$，$\omega_n = 20 \mathrm{rad/s}$，$m = 1$，$a$ 在不同时间分别为 $2 \mathrm{mm}$、$4 \mathrm{mm}$ 和 $6 \mathrm{mm}$。设定的参考切削力为 $700 \mathrm{N}$，控制系统的目标在于将加工过程的实际切削力恒定在参考切削力上。参考切削力根据刀具等约束条件来确定，以免刀具损坏。

根据式（7 - 1）、式（7 - 2）和式（7 - 3）用 MATLAB 编程得到以下仿真程序，仿真效果如图 7 - 4 所示。

```
% exa7_1. m
% This is a example of gain adjusted adaptive control for machining process
T = 0.001; Kp_1 = 0.010; n = 600; Ks = 1670; Ki_1 = 0.1; Kd_1 = 0.001; Ti = 0.1; Td
 = 0.1;
Ke = 1; kn = 1; wn = 20; zeta = 0.7; p = 1; m = 0.7;
sys = tf( wn^2, [1, 2 * zeta * wn, wn^2] );
dsys = c2d( sys, T, 'z');
[ num, den] = tfdata( dsys, 'v');
u_1 = 0.0; u_2 = 0.0; u_3 = 0.0;
v_1 = 0.0; v_2 = 0.0; v_3 = 0.0;
x = [0, 0, 0]';
error_1 = 0;
Ko = 0.01 * 400;
a(1:2000) = 2;
a(2001:4000) = 4;
a(4001:6000) = 6;
for k = 1:1:6000
```

```matlab
        time( k) = k * T;
        rin( k) = 700;
        u( k) = Kp_1 * x( 1) + Kd_1 * x( 2) + Ki_1 * x( 3) ;
        % Restricting the output of controller
        if u( k) > = 10
            u( k) = 10;
        end
        if u( k) < = 0. 01
            u( k) = 0. 01;
        end
        % Linear model
        v( k) = - den( 2) * v_1 - den( 3) * v_2 + num( 3) * u_2;
        f( k) = 60 * v( k) /( p * n) ;
        yout( k) = Ke * Ks * a( k) * f( k) ^m;
        error( k) = rin( k) - yout( k) ;
        % Return of parameters
        u_3 = u_2; u_2 = u_1; u_1 = u( k) ;
        v_3 = v_2; v_2 = v_1; v_1 = v( k) ;
        x( 1) = error( k) ;                    % Calculating P
        x( 2) = ( error( k) - error_1) /T;      % Calculating D
        x( 3) = x( 3) + error( k) * T;          % Calculating I
        error_1 = error( k) ;
        Km( k) = yout( k) /u( k) ;
        if Km( k) < 0. 01
            Km( k) = 0. 01;
        end
        Kp( k) = Ko/Km( k) ;
        Kp_1 = Kp( k) ;
        Ki_1 = Kp( k) /Ti;
        Kd_1 = Kp( k) * Td;
end

subplot( 4, 1, 1)
plot( time, rin, 'b', time, yout, 'r') ;
xlabel( '{ \ itt} /s') , ylabel( '{ \ itF} /N') ;
grid on
axis( [ 0 6 0 1500] )
subplot( 4, 1, 2)
plot( time, v) ;
xlabel( '{ \ itt} /s') , ylabel( '{ \ itV} /mm \ cdots^{ -1}') ;
grid on
```

```
subplot(4, 1, 3)
plot( time, Kp) ;
axis([ 0 6 0 0.5]) ;
xlabel( '{ \ itt} /s') , ylabel( '{ \ it K} _p') ;
grid on
subplot(4, 1, 4)
plot( time, a) ;
axis([ 0 6 0 8]) ;
xlabel( '{ \ itt} /s') , ylabel( '{ \ ita} /mm') ;
grid on
```

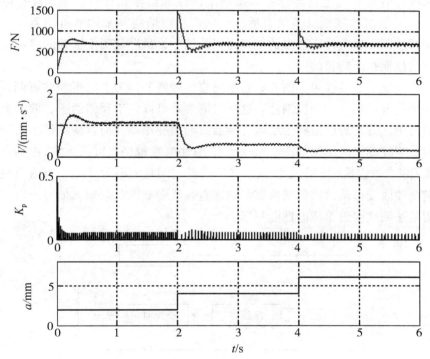

图7-4　增益可调自适应控制

从图7-4可以看出，当背吃刀量发生变化时，切削力能够很快自动调整到预定值，具有较好的控制效果。

这种简单增益自适应调整方案是以保证系统开环增益稳定性为目标的，它难以同时保证系统的其他性能。另外，自适应控制一般是计算机采样控制系统，零阶保持器以及计算延时环节的串入，再加上加工过程增益较大的变化域使得有效频宽很小，系统性能变劣，从而促使人们去研究更加复杂的自适应控制方案。

7.4　模型参考自适应控制

早期(20 世纪五六十年代)模型参考自适应控制系统(model reference adaptive control，MRAC)是以连续系统的方式提出来的，后来 Landau 和 Goodwin 等发展了离散时域方案，与连续 MRAC 系统一样，离散 MRAC 系统也是用参考模型来表示设计者对闭环系统性能的期望。

模型参考自适应控制是利用可调系统(包括被控对象)的各种信息，度量或测出某种性能指标，把它与参考模型期望的性能指标相比较；用性能指标偏差(广义误差)通过非线性反馈的自适应机构产生自适应律来调节可调系统，以削弱可调系统因不确定性所造成的性能指标的偏差，最后达到使被控的可调系统获得较好的性能指标的目的。

一般情况下，被控对象的参数是不便直接调整的，为了实现参数可调，必须设置一个包含可调参数的控制器。这些可调参数可以位于反馈通道、前馈通道或前置通道中，分别对应地称为反馈补偿器、前馈补偿器及前置滤波器。典型模型参考自适应控制系统结构如图 7 - 5 所示，它由参考模型、可调系统(控制器 + 被控对象)和自适应机构三部分组成，在广义误差向量 e 不为 0 时，自适应机构按照一定规律改变可调机构的结构或参数或直接改变被控对象输入信号，以使系统性能指标达到或接近希望的性能指标。

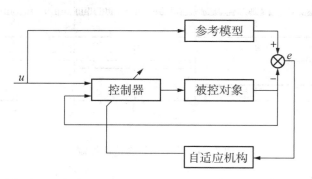

图 7 - 5　模型参考自适应控制系统结构

由内外回路组成双回路系统是 MRAC 系统的结构特点。MRAC 中的可调系统一般包括被控对象和控制器，它们形成一个常规的反馈控制系统。这个系统相对于 MRAC 系统来说是一个子系统或称"内回路"。另外，MRAC 系统还有一个自适应反馈回路，称为"外回路"，它用来调节可调系统。

例7-2 对第2章模型1进行模型参考自适应控制。其中 $n=600\mathrm{r/min}$，$K_\mathrm{n}=1\mathrm{mm/(V\cdot s)}$，$K_\mathrm{s}=1670\ \mathrm{N/mm^2}$，$K_\mathrm{e}=1$，$a=2\mathrm{mm}$，$\zeta=0.7$，$p=1$，$\omega_\mathrm{n}=20\mathrm{rad/s}$，$m=1$，$a$ 在0s、10s和20s时分别变为2mm、4mm和6mm，参考切削力为700N。

建立如图7-6所示仿真图(存为 exa7_2. mdl)，在 Simulink 环境下运行，并将输出到 MATLAB 工作空间的切削力 F、参考模型输出力 F_m、进给速度 V_f 和背吃刀量 a 用下述语句作图，将它显示在一个图形上，如图7-7所示。从图中可以看到，模型参考自适应控制具有良好的在线实时控制效果。

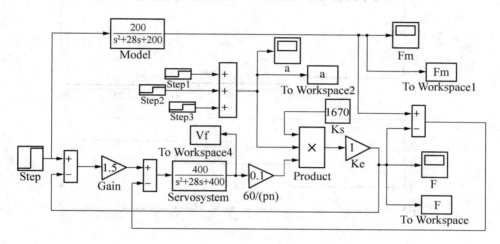

图7-6 MRAC仿真图

绘图程序如下：

```
% exa7_2a. m
subplot(3, 1, 1)
plot(tout, Fm, tout, F);
xlabel('{\ itt} /s')
ylabel('{\ itF} /N')
subplot(3, 1, 2);
plot(tout, Vf);
xlabel('{\ itt} /s')
ylabel('{\ itV}_f /mm\ cdots^{ -1}');
subplot(3, 1, 3);
plot(tout, a);
axis([0 30 0 8]);
xlabel('{\ itt} /s')
ylabel('{\ ita} /mm');
```

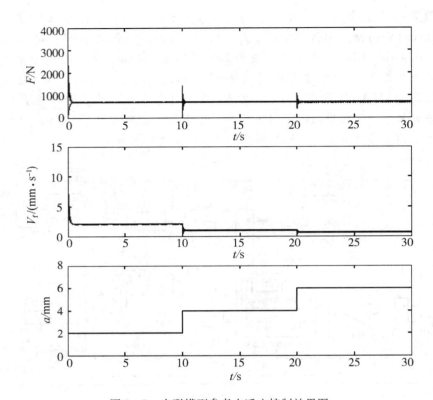

图 7 - 7　　串联模型参考自适应控制效果图

需要说明的是:

(1)常规 MRAC 只能适用于最小相位系统,而加工过程在一定采样条件下可能是非最小相位系统,具有不稳定逆零点,此时需要采用修正的 MRAC 方案,但修正的 MRAC 比较复杂。

(2)加工过程的二阶模型对高频成分的忽略,使得模型的完全匹配条件受到影响。因此,人们研究了不少适用于非最小相位系统的自适应控制方案,其中的一类重要方案就是自校正控制,包括广义最小方差、极点配置自校正控制等。

7.5　零极点配置自校正控制

7.5.1　零极点配置自校正控制原理

零极点配置自校正控制的基本思想是在模型参数估计的基础上,根据工程设计要求确定所期望的闭环系统极点分布。极点配置自校正控制设计的关键是设计控制器使得系统的闭环极点与给定的期望特征多项式极点相同，期望特征多项式是根据工程设计确定的，同时考虑对象的特性，它的选择即决定了期望的闭环系统极点分布。

极点与系统稳定性有密切关系。如果 p_i 是 $G(s)$ 的极点：$\mathrm{Re}[p_i] < 0$（$i = 1$，2，$\cdots$，n），即所有极点均在 s 平面左半平面，则自然响应（零输入响应）将衰减至零，这样的系统称为渐进稳定系统。如果某些极点在 s 平面的右半部分，则自然响应是无界的，系统产生扩散振荡，这种系统称为不稳定系统。如果极点落在虚轴上，则产生持续振荡，这种系统即临界稳定系统。

无论是镇定系统还是跟随系统都必须符合规定性能指标的要求。由于控制系统的动态响应主要是由它的极点位置决定的，因此控制系统的设计就是应用状态反馈使闭环系统具有期望的极点配置，将原系统的开环极点变成期望的系统极点，从而改善系统性能。所谓系统的极点配置问题，就是给定了闭环系统的极点位置后，如何通过某种方法来达到给定的极点配置。

7.5.2　系统状态反馈

在现代控制理论中，常用状态反馈的方法来进行系统极点配置，使之具有特定的性能。设系统的动态方程为：

$$\begin{cases} \boldsymbol{x}' = \boldsymbol{A}\boldsymbol{x} + \boldsymbol{B}\boldsymbol{u} \\ \boldsymbol{y} = \boldsymbol{C}\boldsymbol{x} \end{cases},$$

式中，$\boldsymbol{x}$ 为 n 维状态向量；$\boldsymbol{u}$ 为 p 维输入向量；$\boldsymbol{y}$ 为 q 维输出向量；$\boldsymbol{A}$、$\boldsymbol{B}$、$\boldsymbol{C}$ 分别为 $n \times n$、$n \times p$、$q \times n$ 矩阵。

图 7-8 为系统结构图，加入了状态反馈后的结构图如图 7-9 所示。

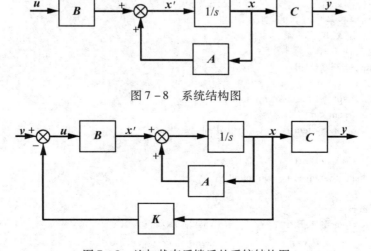

图 7-8　系统结构图

图 7-9　施加状态反馈后的系统结构图

图 7-9 中矩阵 **K** 称为状态反馈矩阵，**v** 是闭环系统的输入，方框 **B** 的输入仍用 **u** 表示。因此，引入状态反馈后，有

$$u = v - Kx 。 \qquad (7-4)$$

此时，闭环系统状态方程可写作：

$$x' = Ax + Bu = Ax - BKx + By ， \qquad (7-5)$$

或者

$$x' = (A - BK)x + By 。 \qquad (7-6)$$

7.5.3　系统极点配置

MATLAB 工具箱提供的函数 place( )，它利用 Ackermann 公式计算反馈增益矩阵 **K**，使采用全反馈 **u** = -**Kx** 的多输入系统具有指定的闭环极点 **p**。函数 place( )的调用格式为：

K = place(A, B, P)

其中，输入参量为系统的状态矩阵；B 为系统的输入矩阵；P 为指定的闭环系统极点。返回参量 K 为反馈增益矩阵，即状态反馈矩阵。由自动控制原理可知，实现闭环极点的任意配置的必要且充分条件是系统完全可控，因此，在配置极点之前，应先检测控制对象的可控性。

例 7-3　已知一系统的状态方程 $x' = Ax + Bu$，方程中

$A = [0\ 1\ 0\ 0;\ 0\ 0\ -1\ 0;\ 0\ 0\ 0\ 1;\ 0\ 0\ 1\ 1\ 0];$ 　$B = [0;\ 1;\ 1;\ -1]$。

设计状态反馈控制器，使得系统的极点为 -1、-2 与(-1 ± i)。

参考程序如下：

```
% exa7_3.m
A = [0 1 0 0;0 0 -1 0;0 0 0 1;0 0 1 1 0];
B = [0;1;1;-1];
P = [ -1  -2  -1 + i  -1 - i];
CAM = ctrb( A, B); n = 4;
if det( CAM)~ = 0
    rcam = rank( CAM)
    if rcam = = n
        disp( 'System is controlled')
    elseif rcam < n
        disp( 'System is no controlled')
    end
elseif det( CAM) = = 0
        disp( 'System is no controlled')
    end
    if rcam = = n
        K = place( A, B, P)
    end
```

运行以上程序，运行结果表明系统完全可控，状态反馈控制器为：
$$K = \begin{bmatrix} -0.4 & -1 & -21.4 & -6 \end{bmatrix}。$$

MATLAB 控制系统工具箱里有一个系统根轨迹分析与设计的工具 RLTOOL，可以通过设计零极点的方式设计控制器。

7.5.4 离散模型的极点配置控制方法

考虑过程扰动的影响，将被控制过程的离散模型表示为：
$$A(z^{-1})F(k) = B(z^{-1})u(k) + v(k)，\qquad (7-7)$$

式中，$F(k)$、$u(k)$ 分别为切削力与进给速度的采样值；$v(k)$ 为扰动；$A(z^{-1})$、$B(z^{-1})$ 为后移动算子多项式：$A(z^{-1}) = 1 + a_1 z^{-1} + \cdots + a_n z^{-n}$，$B(z^{-1}) = b_1 z^{-1} + b_2 z^{-2} + \cdots + b_m z^{-m}$（$n \geqslant m$）。设期望的闭环控制特性由传递函数 $H_m(z^{-1}) = \dfrac{B_m(z^{-1})}{A_m(z^{-1})}$ 表示，式中 $A_m(z^{-1})$、$B_m(z^{-1})$ 为互质多项式。

当采用线性控制器 $R(z^{-1})u(k) = T(z^{-1})F_r(k) - S(z^{-1})F(k)$ 时，得到图 7-10 所示的控制方案。其闭环传递函数为：

$$F(k) = \frac{B(z^{-1})T(z^{-1})}{A(z^{-1})R(z^{-1}) + B(z^{-1})S(z^{-1})}F_r(k) +$$

$$\frac{R(z^{-1})}{A(z^{-1})R(z^{-1}) + B(z^{-1})S(z^{-1})}v(k)。 \qquad (7-8)$$

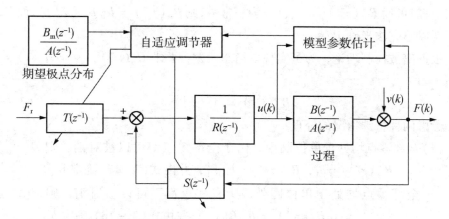

图 7-10　离散模型的极点配置自校正自适应控制

为了获得期望的输入 – 输出响应，即设法调节 $T(z^{-1})$ 与 $S(z^{-1})$ 使式（7-9）成立：

$$\frac{B(z^{-1})T(z^{-1})}{A(z^{-1})R(z^{-1}) + B(z^{-1})S(z^{-1})} = \frac{B_m(z^{-1})}{A_m(z^{-1})}。 \qquad (7-9)$$

　　由于控制器的极点只能与稳定的对象零点相对消，对于非最小相位系统，由于存在不稳定零点，不能与控制器的极点对消，为此将多项式 $B(z^{-1})$ 分解为 $B(z^{-1}) = B^+(z^{-1})B^-(z^{-1})$，其中 $B^+(z^{-1})$ 为由稳定的和阻尼良好的零点所组成的多项式，而且其多项式的首项系数为 1，这些零点可以与控制器的极点对消。当 $B^+(z^{-1}) = 1$，表示 $B(z^{-1})$ 中没有任何零点被对消；当 $B^-(z^{-1}) = 1$，表示 $B(z^{-1})$ 中的所有零点都可以被对消。由此可知，$B^+(z^{-1})$ 也是闭环特征多项式的因子，于是可以得到以下的 Diophantine 方程：

$$A(z^{-1})R(z^{-1}) + B(z^{-1})S(z^{-1}) = A_0(z^{-1})A_m(z^{-1})B^+(z^{-1}), \qquad (7-10)$$

式中，$A_0(z^{-1})$ 是指定的观测器多项式。由于 $A(z^{-1})$、$B(z^{-1})$ 互质，因此有下列方程：

$$R(z^{-1}) = R_1(z^{-1})B^+(z^{-1}), \qquad (7-11)$$

$$A(z^{-1})R_1(z^{-1}) + B^-(z^{-1})S(z^{-1}) = A_0(z^{-1})A_m(z^{-1})。 \qquad (7-12)$$

若 $A(z^{-1})$ 与 $B^-(z^{-1})$ 互质，则 $R_1(z^{-1})$、$S(z^{-1})$ 有唯一解。

　　因此，可以得到自校正控制的一般算法：在估计模型参数 $A(z^{-1})$ 与 $B(z^{-1})$ 的基础上，根据设计的 $A_m(z^{-1})$ 与 $A_0(z^{-1})$，求解方程（7-12）得到 $R_1(z)$ 与 $S(z)$，并由式（7-11）计算 $R(z)$。

　　另外，$T(z^{-1}) = A_0(z^{-1})B_m^*(z^{-1})$，其中 $B_m^*(z^{-1})$ 由 $B_m(z^{-1}) = B_m^*(z^{-1})B^-(z^{-1})$ 确定，一般可设 $B_m^*(z^{-1}) = b_{m0}$（b_{m0} 为一常数，则 $B_m(z^{-1}) = b_{m0}B^-(z^{-1})$），而 b_{m0} 可以根据以下方法来确定：

　　根据离散控制理论，为了实现零稳态误差，要求 $H_m(z^{-1})|_{z=1} = H_m(1) = 1$，即当 $z = 1$ 时，

$$B_m(z^{-1}) = A_m(z^{-1})。 \qquad (7-13)$$

考虑两种特殊情况的处理：

　　（1）全部零点均处于单位圆内，由于全部零点都可以被对消，则 $B(z^{-1}) = b_1B^+(z^{-1})$，$B^-(z^{-1}) = b_1$，$B_m(z^{-1}) = b_{m0}b_1$，并由式（7-13）确定 b_{m0}。

　　（2）全部零点均处于单位圆外，所有零点都不可以被对消，则 $B(z^{-1}) = B^-(z^{-1})$、$B^+(z^{-1}) = 1$，$B_m(z^{-1}) = b_{m0}B(z^{-1})$，并由式（7-13）确定 b_{m0}。

　　以上讨论的是当过程模型已知的情况，当模型未知时，对于确定性系统，根据确定性等价原理，可以将在线估计的模型参数看成是模型参数真值而不考虑估计误差，令

$$\boldsymbol{\Psi}^T(k-1) = [-F(k-1), \cdots, -F(k-n), u(k-1), \cdots, u(k-m)],$$

$$\boldsymbol{\theta} = [a_1, \cdots, a_n, b_1, \cdots, b_m],$$

即

$$F(k) = b_1 u(k-1) + \cdots + b_m u(k-m) - a_1 F(k-1) - \cdots - a_n F(k-n)$$

$$= \boldsymbol{\theta} \times \boldsymbol{\Psi}^{\mathrm{T}}(k-1)_{\circ} \tag{7-14}$$

该模型的递推最小二乘估计算法为:

$$\boldsymbol{\theta}(k) = \boldsymbol{\theta}(k-1) + \boldsymbol{K}(k)[F(k) - \boldsymbol{\Psi}^{\mathrm{T}}(k)\theta(k-1)], \tag{7-15}$$

$$\boldsymbol{K}(k) = \frac{\boldsymbol{P}(k)\boldsymbol{\Psi}(k-1)}{1 + \boldsymbol{\Psi}^{\mathrm{T}}(k-1)\boldsymbol{P}(k)\boldsymbol{\Psi}(k-1)}, \tag{7-16}$$

$$\boldsymbol{P}(k) = (\boldsymbol{I} - \boldsymbol{K}(k-1)\boldsymbol{\Psi}^{\mathrm{T}}(k-1))\boldsymbol{P}(k-1)_{\circ} \tag{7-17}$$

7.5.5　加工过程的极点配置自校正控制

下面考虑二阶的加工过程模型,讨论其自校正控制算法。设加工过程模型的二阶多项式为 $A(z) = z^2 + a_1 z + a_2, B(z) = B^+(z)B^-(z) = b_1(z + \frac{b_2}{b_1})$,由于其存在唯一零点,因此可以根据以上讨论的两种特殊情况,分别对自校正过程进行简化。

(1)当 $\left|\dfrac{b_1}{b_2}\right| < 1$ 时,为最小相位过程,则 $B^+(z) = z + \dfrac{b_2}{b_1}$, $B^-(z) = b_1$,令

$$R_1(z) = z + r, \quad S(z) = s_1 z + s_2, \tag{7-18}$$

$$A_m(z) = z^2 + p_1 z + p_2, \quad A_0(z) = z + p_0, \tag{7-19}$$

式中, $A_0(z)$ 是给定的观测器多项式。将以上各式代入式(7-12)即可得 Diophantine 方程:

$$(z^2 + a_1 z + a_2)(z + r) + b_1(s_1 z + s_2) = (z + p_0)(z^2 + p_1 z + p_2)_{\circ} \tag{7-20}$$

解此方程可得

$$r = p_0 + p_1 - a_1, \quad s_1 = \frac{p_2 + p_0 p_1 - a_2 - a_1 r}{b_1}, \quad s_2 = \frac{p_0 p_2 - a_2 r}{b_1},$$

于是可得

$$S(z) = s_1 z + s_2_{\circ}$$

由式(7-11)计算 $R(z)$:

$$R(z) = R_1(z)B^+(z) = z^2 + r_1 z + r_2, \tag{7-21}$$

式中, $r_1 = r + \dfrac{b_2}{b_1}$; $r_2 = \dfrac{rb_2}{b_1}$。由 $B_m(z^{-1}) = B_m^*(z^{-1})B^-(z^{-1})$,设 $B_m(z) = b_{m0}b_1$,由式(7-13)可得 $b_{m0} = \dfrac{(1 + p_1 + p_2)}{b_1}$, $B_m^*(z) = b_{m0}$,而 $T(z)$ 则为:

$$T(z) = A_0(z)B_m^*(z) = b_{m0}(z + p_0) = t_1 z + t_2, \qquad (7-22)$$

式中，$t_1 = b_{m0}$；$t_2 = b_{m0}p_0$。最后由 $R(z^{-1})u(k) = T(z^{-1})F_r(k) - S(z^{-1})F(k)$ 确定控制器的控制律：

$$u(k) = t_1 F_r(k-1) + t_2 F_r(k-2) - s_1 F(k-1) - s_2 F(k-2) -$$
$$r_1 u(k-1) - r_2 u(k-2)。 \qquad (7-23)$$

（2）当 $\left| \dfrac{b_1}{b_2} \right| \geqslant 1$ 时，为非最小相位过程，$B^+(z) = 1$，$B^-(z) = b_1 z + b_2$，Diophantine 方程为：

$$(z^2 + a_1 z + a_2)(z + r) + (b_1 z + b_2)(s_1 z + s_2)$$
$$= (z + p_0)(z^2 + p_1 z + p_2)。 \qquad (7-24)$$

解此方程得

$$r = \frac{b_1 b_2(p_0 p_1 + p_2 - a_2) - b_1^2 p_0 p_2 - b_2^2(p_0 + p_1 - a_1)}{a_1 b_1 b_2 - a_2 b_1^2 - b_2^2},$$

$$s_1 = \frac{p_0 + p_1 - a_1 - r}{b_1}, \quad s_2 = \frac{p_0 p_2 - a_2 r}{b_2}。$$

于是可得 $S(z) = s_1 z + s_2$，而 $R(z) = R_1(z)B^+(z) = z + r$。设 $B_m^*(z) = b_{m0}$，则

$$B_m(z^{-1}) = B_m^*(z^{-1})B^-(z^{-1}) = b_{m0}(b_1 z + b_2),$$

由式（7 - 13）得

$$b_{m0} = \frac{(1 + p_1 + p_2)}{(b_1 + b_2)}。$$

而 $T(z)$ 由 $T(z) = A_0(z)B_m^*(z) = t_1 z + t_2$ 确定，其中 $t_1 = b_{m0}$，$t_2 = b_{m0}p_0$，得到控制器控制律：

$$u(k) = t_1 F_r(k-1) + t_2 F_r(k-2) - s_1 F(k-1) -$$
$$s_2 F(k-2) - ru(k-1)。 \qquad (7-25)$$

设定期望切削力 $F_r = 400\text{N}$，控制的目标就是力求在背吃刀量变化的情况下，加工过程能自适应地改变进给速度来维持 $F = \sqrt{F_x^2 + F_y^2}$ 处于 F_r 附近。分别设 $p_0 = -0.4$ 或 $p_0 = 0$，$z_1 = 0.8$，$z_2 = 0.9$（即 $A_m(z) = z^2 - 1.7z + 0.72$）或 $z_1 = 0.7$，$z_2 = 0.8$（即 $A_m(z) = z^2 - 1.5z + 0.56$）以比较不同设计参数下的控制结果，控制结果如图 7 - 11 所示。其中图 7 - 11a 与 7 - 11b 分别为 $p_0 = -0.4$，$z_1 = 0.8$，$z_2 = 0.9$ 与 $p_0 = -0.4$，$z_1 = 0.7$，$z_2 = 0.8$ 时的控制结果，而图 7 - 11c 与 7 - 11d 则为 $p_0 = 0$，$z_1 = 0.8$，$z_2 = 0.9$ 与 $z_1 = 0.7$，$z_2 = 0.8$ 时的控制结果。

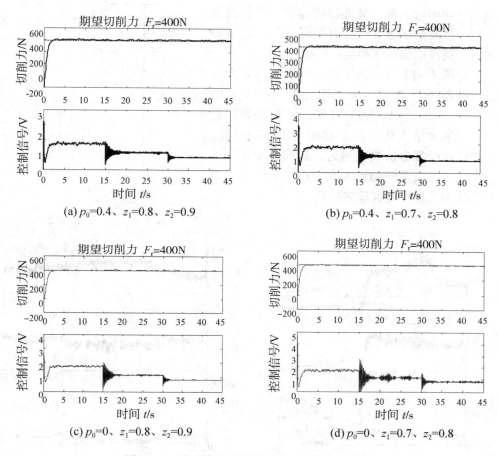

图 7 – 11 铣削加工过程的极点配置自校正控制

如上所述，对于自校正控制器的设计需要预先确定控制器的设计参数：①观测器多项式 $A_0(z)$ 参数 p_0；②期望的极点分布 $(z_1、z_2)$。显然 p_0 与极点均应位于单位圆内，即 $|p_0| \leqslant 1$，$|z_1| \leqslant 1$，$|z_2| \leqslant 1$。

可以看出，零极点配置控制算法既能适用于最小相位过程的自适应控制，又能适用于非最小相位的自适应控制。

7.6 自适应控制的应用实例

具有刀具切削自适应装置的数控机床，可通过传感器检测加工过程中各种参数（切削负载、刀具破损等）的变化信息，控制切削速度变化，保证表面加工稳定；在切削量大时，降低切削速度；在切削量小时，提高切削速度；在有效保证加工质量的同时，提高切削速度和生产效率。

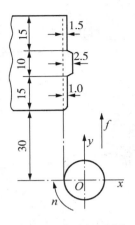

对图 7-12 所示的工件，分别采用有无自适应控制进行对比实验，得到图 7-13 和图 7-14 所示的结果。从中可见，无自适应控制时，加工余量变化会引起切削力大小的变化；采用极点配置自适应控制后，切削力变化大为减小，工件表面跳动也大大减小，从而实现数控铣削加工过程的自适应控制。

图 7-12　切削示意图

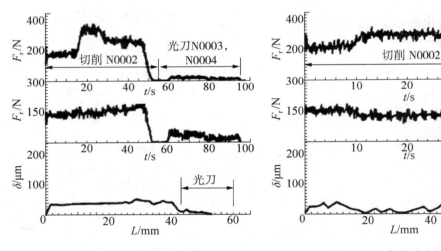

图 7-13　无自适应切削　　　　　　　　　图 7-14　有自适应切削

由此可见，极点配置自适应控制可以按照设计要求合理地配置闭环系统的极点，从而获得所希望的动态响应和良好的鲁棒性。

而对图 7-15 所示的工件，采用参考自适应控制对某 CNC 铣床进行控制，得到图 7-16 所示的结果。如图 7-16a 所示，辨识所得的铣削过程参数是稳定的、无畸变和奇异点的。从图 7-16b 和 7-16c 分别给出的进给速度和实际测量的最大切削合力来看，进给速度变化及时而且平稳，且切削力保持在给定的参考力水平。图中出现的瞬时巅峰力值是由于工件几何形状的突变使得切削深度发生突然变化而引起的，但在自适应控制器的作用下，切削力值迅速收敛到参考值。

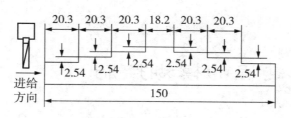

图 7 − 15 铣削工件几何形状

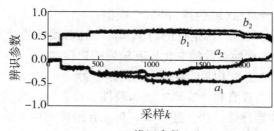

(a) 辨识参数

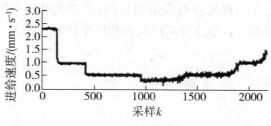

(b) 进给速度

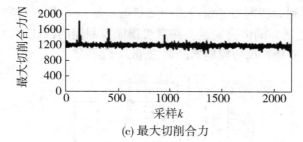

(c) 最大切削合力

图 7 − 16 实验结果

8 加工过程的模糊控制

Mamdani 首先将模糊逻辑应用于蒸汽机的控制，开创了一种智能控制领域——模糊控制，目前模糊控制已渗透到各个应用领域。模糊控制具有如下特点：

(1)不需要知道对象(或过程)的数学模型；

(2)易于实现对具有不确定性的对象和具有强非线性的对象进行控制；

(3)对被控对象特性参数的变化具有较强的鲁棒性；

(4)对于控制系统的干扰具有较强的抑制能力。

模糊控制器的实现有软件实现方法和硬件实现方法，而软件实现方法又分为查表法和软件模糊推理等方法。在本章，首先介绍模糊控制的基本原理以及用查表法实现加工过程的模糊控制，其次介绍软件模糊推理及其实现，接着介绍自适应模糊控制，然后介绍加工过程控制的硬件(模糊芯片)实现，最后介绍模糊控制、自组织模糊控制、自适应模糊控制和 PID 控制的对比实验。

8.1 模糊控制原理及查表法实现

加工过程的模糊控制如图 8-1 所示，图中 K_E、K_{CE} 为量化因子，K_U 为比例因子，F_r 和 F 分别为切削力的设定值和测量值，E、CE 和 U 分别为误差 e、误差变化率 ce 和控制量 u 的语言变量。在常规模糊控制器的设计中，选择 E 和 CE 作为控制器的输入变量，U 为控制器的输出量。

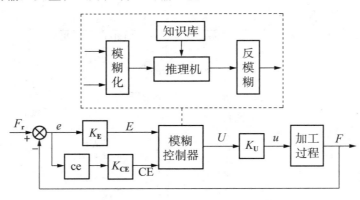

图 8-1 加工过程的模糊控制系统

　　模糊控制器包括的环节有输入模糊化、模糊推理(决策)及输出反模糊化。为了节省模糊推理时间,实时控制往往采用查表方式来进行控制或用一个表达式来表示模糊控制规则。

　　在模糊控制系统中的控制规则所用到的都是模糊的语言量,为此需要将输入的数据进行模糊化。现取 E、CE 和 U 的模糊子集都为{NL, NM, NS, Z, PS, PM, PL},其中 NL、NM、NS、Z、PS、PM、PL 分别表示负大、负中、负小、零、正小、正中、正大,如图 8 - 2 所示。为了处理方便,通常将误差和误差变化率的值取在某一个范围之间,如[-6, +6]。误差 $e(k) = Fr(k) - F(k)$,误差变化率 $ce(k) = [e(k) - e(k-1)]/dt$。如果误差的实际变化范围在区间[$a$, b],则可通过变换

$$x' = \frac{12}{b-a}\Big[x - \frac{a+b}{2}\Big] \tag{8-1}$$

将论域[a,b]转化为[-6, +6]。已知输入 E 和 CE,可由模糊控制规则得到输出 U:

$$\text{IF } E \text{ is } E_i \text{ AND CE is CE}_j \text{ THEN } U_{ij} \tag{8-2}$$

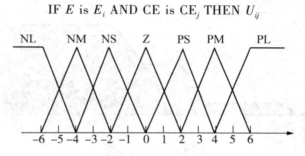

图 8 - 2　隶属函数

　　模糊逻辑控制规则表如表 8 - 1 所示,i 对应表中的行号,j 对应表中列号,由行和列得到相应的规则 U_{ij}。

表 8 - 1　模糊控制规则表

U		CE						
		NL	NM	NS	Z	PS	PM	PL
E	NL	NL	NL	NL	NL	NM	NS	Z
	NM	NL	NL	NL	NM	NS	Z	PS
	NS	NL	NL	NM	NS	Z	PS	PM
	Z	NL	NM	NS	Z	PS	PM	PL
	PS	NM	NS	Z	PS	PM	PL	PL
	PM	NS	Z	PS	PM	PL	PL	PL
	PL	Z	PS	PM	PL	PL	PL	PL

通常，由模糊决策得到的结论仍然是输出控制量的模糊集，为了将之应用于被控制系统，还需要经过反模糊化过程，以便得到精确值，如图 8 - 3 所示。反模糊化方法有面积重心法（centroid）、面积二分法（bisector）、最大值平均法（mom）、最大值的最小坐标法（lom）、最大值的最大坐标法（som）和加权平均法等。

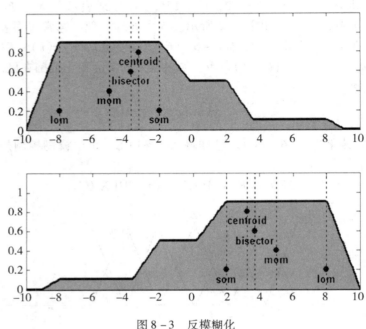

图 8 - 3　反模糊化

模糊控制器的输出为 $U(k)$，被控对象的输入为 $u(k)$，用增量形式表示为：
$$u(k) = u(k - 1) + K_U U(k)。$$
其离散形式用积分表示为：
$$u(k) = K_U T \sum_{i=0}^{k} U(i)。 \qquad (8 - 3)$$

由于这种离散形式的积分作用，因此不能保证系统的稳定误差为 0。但当采样周期 T 一定时，可选择较小的 K_U，即可使稳定误差足够小。而过小的 K_U 又会使系统的动态响应变慢，过渡时间变长，在常规模糊控制中，只好折中处理。

经模糊推理合成和调整，就可得到模糊控制表。常规模糊控制规则可近似用一解析式来表示：
$$U = < (E + CE)/2 >, \qquad (8 - 4)$$
式中，< > 表示取整。若 E、CE 和 U 的论域都取 13 个等级，即
$$[-6, -5, -4, -3, -2, -1, 0, 1, 2, 3, 4, 5, 6]，$$

按式(8-4)计算可得到模糊控制查询表(见表8-2)。

在进行查表控制时,首先由以下两式求得 E 和 CE:

$$E(k) = \text{int}[K_E \cdot e(k)], \qquad (8-5)$$

$$CE(k) = \text{int}[K_{CE} \cdot ce(k)], \qquad (8-6)$$

然后由 E 和 CE 在表8-2求得 U。

表8-2　模糊查询表

U		CE												
		-6	-5	-4	-3	-2	-1	0	1	2	3	4	5	6
	-6	-6	-6	-5	-5	-4	-4	-3	-3	-2	-2	-1	-1	0
	-5	-6	-5	-5	-4	-4	-3	-3	-2	-2	-1	-1	0	1
	-4	-5	-5	-4	-4	-3	-3	-2	-2	-1	-1	0	1	1
	-3	-5	-4	-4	-3	-3	-2	-2	-1	-1	0	1	1	2
	-2	-4	-4	-3	-3	-2	-1	-1	0	1	1	2	2	2
	-1	-4	-3	-3	-2	-2	-1	-1	0	1	1	2	2	3
E	0	-3	-3	-2	-2	-1	-1	0	1	1	2	2	3	3
	1	-3	-2	-2	-1	-1	0	1	1	2	2	3	3	4
	2	-2	-2	-1	-1	0	1	1	2	2	3	3	4	4
	3	-2	-1	-1	0	1	1	2	2	3	3	4	4	5
	4	-1	-1	0	1	1	2	2	3	3	4	4	5	5
	5	-1	0	1	1	2	2	3	3	4	4	5	5	6
	6	0	1	1	2	2	3	3	4	4	5	5	6	6

例8-1　车削加工过程如第2章的模型1,其中 $n = 600\text{r}/\min$, $K_n = 1\text{mm}/(\text{V}\cdot\text{s})$, $K_s = 1670 \text{ N}/\text{mm}^2$, $K_e = 2$, $\zeta = 0.5$, $p = 1$, $\omega_n = 20\text{rad}/\text{s}$, $m = 0.7$,用查表法实现的加工过程模糊控制如图8-4所示。

工件背吃刀量 a 变化如图8-5所示,每个切削台阶高度均为1mm,在图8-4中已将它封装一个子系统,双击该子系统后得到如图8-6所示的结构图。

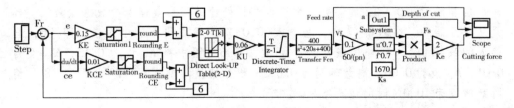

图8-4　查表法实现的加工过程模糊控制

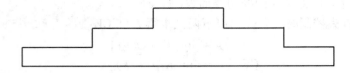

图 8 - 5　工件背吃刀量 a 变化

子系统 Subsystem 的制作方法是，把 Port & Subsystems 库中的 Subsystem 模块复制进来，双击它，打开设计窗口，建立一个封装功能模块，将所需的模块复制到 Subsystem 中，再将各个模块用线正确地连接起来。该子系统功能是：斜坡输出（Ramp）经模块 Quantizer 处理后阶梯量化输出，以此来作为 Multiport Switch 的控制输入端。3 个常数 Constant、Constant1、Constant2 的值表示背吃刀量，输入到 Multiport Switch 的

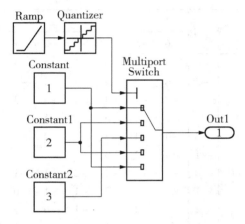

图 8 - 6　实现车削过程背吃刀量变化的子系

5 个输入端口。当 Multiport Switch 的控制端口的值为 1 时，Constant 的值通过第一个输入端口送到输出端口；当 Multiport Switch 的控制端口的值为 2 时，Constant1 的值通过第二个输入端口送到输出端口。以此类推，则可以在不同时间段输出不同的背吃刀量值。

在图 8 - 4 中，用了 Simulink 中一个的 Direct Look-Up Table 模块，可用查询表编辑工具 Look-Up Table Editor 对该模块的数据进行编辑，如图 8 - 7 所示，该模块装入了如表 8 - 2 所示的二维数据。e 与 K_E 相乘的结果、ce 与 K_{CE} 相乘的结果均被限制在 [- 6, + 6]，经取整处理（Rounding）后得到从 - 6 ～ + 6 的整数，再与 6 相加得到从 0 ～ 12 的整数。之所以这样处理是因为查询表中数据元素的下标是从 0 开始的。在图 8 - 7 中，当输入 (0,0) 时，可查得第一个元素，即 - 6；当输入 (12,12) 时，可查得最后一个元素，即 6。图中将 K_E 设为 0.15、K_{CE} 设为 0.01、K_U 设为 0.06、离散时间为 0.01s，积分值被限制在 0 ～ 5V。图 8 - 8 是将阶跃值设为 1000N 时的仿真结果。

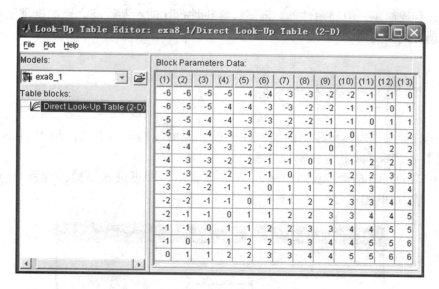

图 8 - 7 查询表的编辑

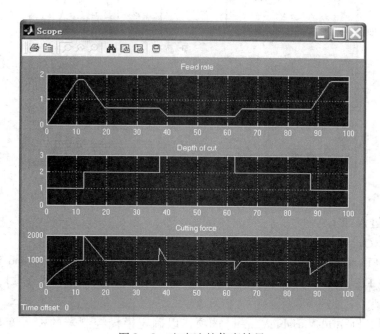

图 8 - 8 查表法的仿真结果

还可用 Look-Up Table (2-D)模块替代图 8 - 4 中的 Direct Look-Up Table，这样可实现元素间的插值处理。查表法算法简单，比模糊推理法速度快，对资源要求低，实现简单，但通用性差。随着计算机性价比的不断提高，模糊推理法得到越来越广泛的关注。

8.2 模糊推理法及其实现

用软件来实现模糊控制的关键在于设计模糊控制器。下面运用 MATLAB 的 Fuzzy Logic Toolbox 建立模糊推理系统。

在 MATLAB 的命令窗口中输入 fuzzy 回车后，即可进入模糊推理系统（FIS）编辑环境。FIS 编辑器窗口如图 8 – 9 所示。

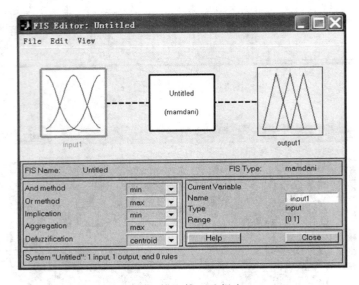

图 8 – 9 模糊推理编辑窗口

设计过程如下：

1. 确定模糊控制器的类型和结构

进入 FIS 编辑器窗口时，缺省为 Mamdani 型推理，如果是 Sugeno 型，选定【File\New FIS\Sugeno】选项，便进入 Sugeno 型模糊控制器的编辑窗口，这里选 Mamdani 型。

选定【Edit\Add Variable\Input】选项，以确定模糊控制器的输入变量名和个数。本模糊控制系统有两个输入：E 和 CE、一个输出 U，如图 8 – 1 所示。选定【Edit\Add Variable\Output】选项，确定输出变量名和个数。

2. 编辑输入、输出变量的隶属函数

双击编辑器窗口（图 8 – 9）的某个输入或者输出图标，打开隶属函数编辑窗口，如图8-10所示。选定【Edit\AddMFs】可增加隶属度函数个数，这里 E、CE 和 U 的模糊子集均为"负大（NL），负中（NM），负小（NS），零（Z），正小（PS），正中（PM），正大（PL）"，则隶属函数的数量为7；然后确定隶属函数的类型。这里除了两侧（NL、PL）选梯形 trapmf（梯形隶属函数）外，中间均选择 trimf（三角形隶属函数），如图8-2所示。在图8-11中选中要编辑变量的图标，确定当前变量量化等级的范围（Range），在确定变量隶属函数的窗口中确定隶属函数的类型（Type）和名字（Name），并确定各隶属函数的参数（Params）。

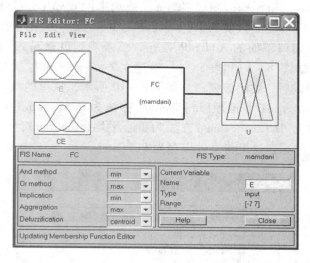

图8-10 增加输入输出变量

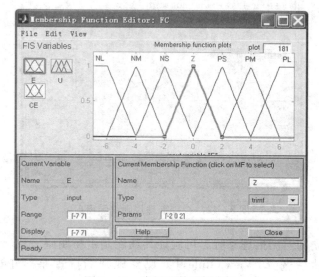

图8-11 隶属函数编辑窗口

对选定的每一个模糊语言值的隶属函数，其参数都可以调整。调整的方法是，在图 8 - 11 的窗口中，选中该隶属函数，在指定的位置用左键来拖动隶属函数。最后，对各变量的隶属函数标明其对应模糊子集的模糊语言值，如将 mf1 作为 NL，选中变量 mf1，在当前隶属函数的参数框中，将 Name 项中的 mf1 改为 NL 即可。所有的隶属函数都标明以后，关闭隶属函数编辑窗口。每一个输入、输出变量隶属函数的编辑过程相同。

3. 编辑模糊控制规则

在 FIS 窗口，双击模糊控制规则图标，或选中【View\Rules】选项，打开规则编辑窗口"Rule Editor"。只要在 if、and(or)、then 选择框中选中各自的语言变量，然后单击该窗口下面的 Add rule 按钮，该条规则就被写入规则框中，如图 8 - 12 所示。根据式(8 - 1)和表 8 - 1，将建立 $7 \times 7 = 49$ 条控制规则。将所有规则写入规则框中以后，关闭该窗口。如图 8 - 10 所示，这里的与(And)方法选为 min，或(Or)方法为 max，推理(Implication)方法为 min，合成(Aggregation)方法为 max，反模糊化(Defuzzification)方法为重心平均(Centroid)，这样就建立了一个 FIS 系统的文件。在这里将文件保存为 FC. fis。

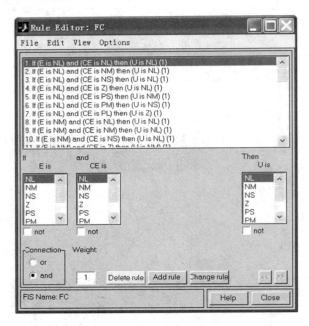

图 8 - 12　　模糊推理规则编辑窗口

对于已建立的模糊推理系统，可验证其功能是否与期望一致。打开已建立的 FC. fis 文件，然后选择【View\Rules】，观察规则的推理是否正确；或者选择【View\Surface】，观察输入与输出的关系是否正确。如果选择【View\Rules】，就会出现可以调整输入即时观察输出变化的窗口，如图 8-13 所示。可以在 Input 框里输入一对数字，比如 $E=2$、$CE=3$，即$[2\ 3]$，则求得：$U=4.78$，由此可检验其正确性。

图 8-13　规则调试窗口

　　如果选择【View\Surface】，就会出现输出结果的三维立体图，如图 8-14 所示。可以用鼠标直接在上面改变视角。

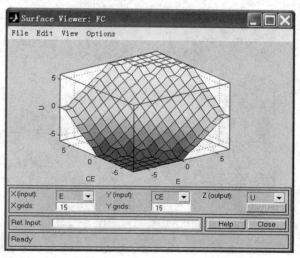

图 8-14 推理系统的三维空间图

在 MATLAB 命令窗口中利用 readfis 指令把 fuzzy 推理系统的 .fis 文件转换成模糊推理矩阵，以备模糊控制器使用。下面的例子将应用前述建立的模糊推理系统 FC. fis。用 readfis( )读入文件时，不需要输入扩展名，如 FLC = readfis('FC')。双

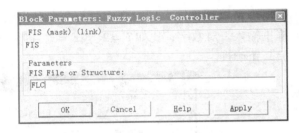

图 8 – 15　输入模糊推理矩阵

击 Fuzzy Logic Controller 功能模块，并在该功能模块中输入模糊推理矩阵的名称，如图 8 – 15 中输入 FLC，至此建立了模糊控制器。

例 8 – 2　同例 8 – 1，但用模糊推理方法来实现，控制系统如图 8 – 16 所示。

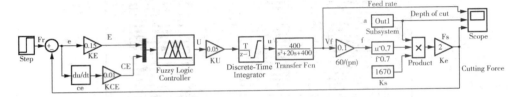

图 8 – 16　用模糊推理方法实现的加工过程控制

图 8 – 17 是将参考切削力设为 1000N 时的仿真结果，与查表法所得结果(见图 8 – 8) 相类似。

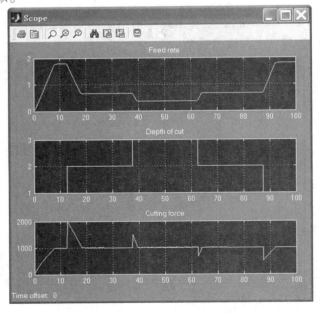

图 8 – 17　车削加工过程的模糊控制仿真结果

例8-3 铣削加工过程的模糊控制系统如图8-18所示。

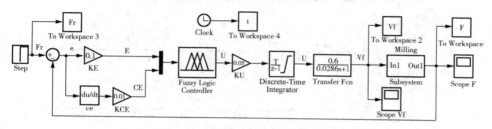

图8-18 铣削加工过程的模糊控制

铣削加工过程模型如第2章的模型3，即有

$$\frac{V_f(s)}{u(s)} = \frac{0.6}{\left(\frac{s}{35}+1\right)} = \frac{0.6}{0.0286s+1},$$

以及铣削加工过程模型如下：

$$G_1 = \frac{6360}{0.2s+1},\quad G_2 = \frac{8586}{0.357s+1},\quad G_3 = \frac{7473}{0.25s+1},$$

$$G_4 = \frac{4725}{0.3125s+1},\quad G_5 = \frac{7723}{0.3846s+1},\quad G_6 = \frac{6814}{0.1818s+1}。$$

图8-18中的 Milling 子系统可实现上述的模型，其内部结构如图8-19所示。将参考切削力设为800N时，得到如图8-20所示的仿真结果。

图8-20是将图8-18输出到工作空间的变量，通过下述程序作出来的，在程序中用 gtext( ) 给图标注模型名。

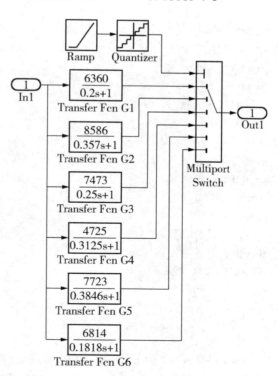

图8-19 实现铣削加工模型切换的子系统

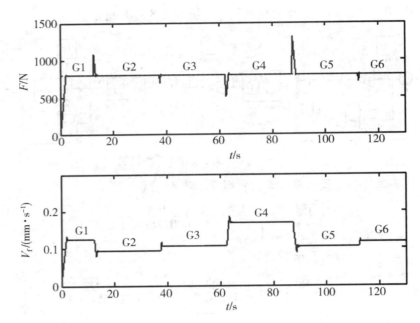

图 8 - 20　铣削加工过程的模糊控制仿真结果

```
% exa8_3a.m
subplot(2, 1, 1);
plot(t, F); hold on
plot(t, Fr, 'r:');
xlabel('{ \ itt} /s'), ylabel('{ \ itF} /N')
axis([0 130 0 1500]);
gtext('G1'), gtext('G2')
gtext('G3'), gtext('G4')
gtext('G5'), gtext('G6')
subplot(2, 1, 2);
plot(t, Vf);
axis([0 130 0 0.3]);
xlabel('{ \ itt} /s')
ylabel('{ \ itV}_f /mm \ cdots^{ -1}')
gtext('G1'), gtext('G2')
gtext('G3'), gtext('G4')
gtext('G5'), gtext('G6')
```

　　例 8 - 1～例 8 - 3 的 K_E 和 K_{CE} 值没有按式(8 - 1)计算求得。由于参考切削力的设定值较大，如果以误差在[- 1000, 1000]之间变化按式(8 - 1)计算，则

$K_E = 0.001$。但例 8-1 和例 8-2 的 $K_E = 0.15$，此时 e 与 K_E 相乘的结果将超过 $[-6, +6]$ 范围，例 8-1 采用限幅环节将其化为 $[-6, +6]$，而例 8-2 则采用图 8-11 所示的隶属函数，使超过 $[-6, +6]$ 范围落入 NL 或 PL 之中。

从上述 3 个例子来看，在背吃刀量发生突变的时刻产生一定的超调，系统的输出值（切削力 F）能够较好地保持在期望值 F_r 上。当背吃刀量、模型或参考力改变时，模糊控制仍能获得较好的控制效果，可见模糊控制具有较好的鲁棒性。但由于模糊控制采用固定的模糊规则或控制表时，往往难以同时满足系统的动态与静态性能要求，从图 8-8 和图 8-17 的仿真结果来看，尽管选用了较大的 K_E 以加快系统的响应速度，但系统的响应还是比较慢的，为此在误差较大时采用开关控制或渐加控制来提高系统的响应速度。如果被控对象参数变化太大，常规模糊控制的性能变得很差时，可考虑自适应模糊控制等。

例 8-4 同例 8-2，但采用如图 8-21 所示的渐加控制与模糊控制相结合的双模态控制。

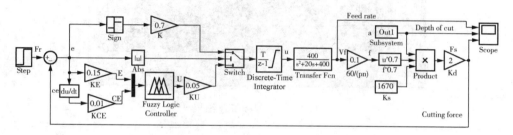

图 8-21 车削加工过程的双模控制

当误差 e 的绝对值大于或等于双模控制的转换边界（这里设为 100）时，实行渐加控制，系统控制增量取正的最大值（图中取 +0.7）或负的最大输出（图中取 -0.7），即 $u(k) = u(k-1) \pm 0.7$，渐加控制是以恒增量的方式产生变化的控制作用；当误差 e 小于双模控制的转换边界，Switch 模块自动切换到模糊控制。Switch 模块功能是根据第二个输入（与误差 e 的绝对值相连）来决定其他两个输入中的一个，若第二个输入大于或等于参数 Threshold 中的值（这里设为 100），则输出第一个（与渐加控制相连），否则输出第三个输入（与模糊控制相连）。Sign（符号）模块与增益（0.7）相乘，结果为 +0.7、-0.7 或 0，但当误差 e 为 0 时，系统早已切换到模糊控制了，因此，当接通渐加控制时，控制器输出的结果要么是 +0.7、要么是 -0.7，两者必居其一，不可能为 0。双模控制结果如图 8-22 所示，从图中可以看到，响应过程明显加快，但仍保持模糊控制具有的良好品质特性。如果去掉 Sign（符号）模块，就变为比例控制与模糊控制的双模态控制。

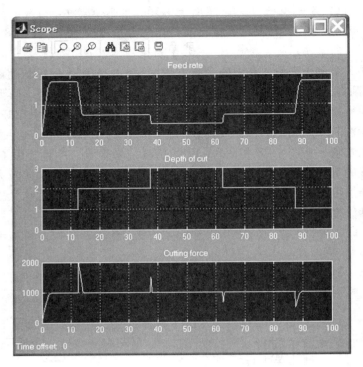

图 8 – 22　双模控制结果

8.3　自适应模糊控制

一般常规模糊控制，由于其模糊规则和隶属函数是人为设定的，一经确定就固定不变，难以满足时变性和非线性的动态系统的要求。从模糊控制器结构上看，影响控制器性能的主要环节有模糊控制规则、模糊推理和模糊判决方法以及比例因子和量化因子等。

8.3.1　模糊控制器性能的改善

1. 模糊规则的调整

模糊控制器本质上是一种规则控制器，一旦控制器设计完成，其模糊规则也不再变化。改善模糊控制器性能的方法之一就是，根据系统的变化和环境的变化，对模糊规则进行不断的修正。例如，自组织模糊控制器，其思想是通过性能测量到输出特性的校正量，再利用校正量通过控制量校正环节求出控制量，根据此控制量再进一步对模糊控制规则进行修正。但自组织模糊控制器存在不足之处：一是控制规则修改后，原来的规则便不复存在，也无法恢复；二是需要进行关系矩阵的运算，费时又需要大量存储空间，对于多输入输出系统，其关系矩就十分庞大。从简单模糊控制器的表达式式（8-4）中，我们可以看到误差和误差变化对模糊控制器的影响是相同的，由此可见，当对误差和误差变化取不同的加权系数时，就可用式

$$U = <\alpha E + (1 - a)CE>, a \in [0,1] \qquad (8-7)$$

对模糊规则进行调整，其中，a 被称为修正因子。当 a 取 0.5 时，就得到与表 8-2 相同的模糊控制查询表，可以说式（8-4）是式（8-7）的一个特例。从式（8-7）可看出，通过调整系数 a，就可以对控制规则进行修正。a 取值大小，表示对误差和误差变化的加权程度，反映了操作者进行控制活动时的思维特点，并可克服单凭经验来选择控制规则的缺陷，可避免控制规则定义中的空挡或跳变现象。研究表明，式（8-7）所表示的控制律具有较好的自适应能力。

2. 量化因子和比例因子的调整

量化因子 K_E、K_{CE} 和比例因子 K_U 对模糊控制系统的动静态性能有不同影响。K_E 越大，则系统上升速率越大，超调也越大，延长过渡时间；K_E 过小，则系统上升速率小，快速性差。K_{CE} 越大，则系统上升速率越小，过渡时间越长；K_{CE} 越小，则系统上升速率越大，系统响应加快，但易产生较大的超调和振荡。K_U 对系统响应的上升和稳定阶段有不同的影响。在上升阶段，K_U 取得越大，系统上升得越快，但容易引起超调；K_U 小，则系统响应缓慢；而在稳定阶段，K_U 取得过大会引起振荡。由此可见，模糊控制与常规控制（如 PID）一样，其动静态特性之间存在一定的矛盾。采用固定的参数难以获得满意的动静态特性。为了改善模糊控制器的性能，常常需要根据系统的误差和误差变化等信息对控制器的参数进行在线修正，如图 8-23 所示。

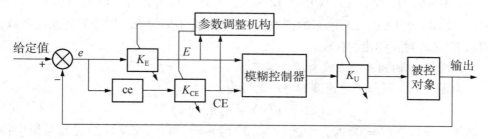

图 8-23 参数自调整模糊控制框图

在参数自调整的模糊控制中，同时调节 3 个参数（K_E、K_{CE} 和 K_U）使控制算法过于复杂，常用的方法是离线整定 K_E 和 K_{CE}，在线调整 K_U。从控制器的结构来看，3 个参数是相互牵制的，调整 K_U，最终也能起到调整 K_E 和 K_{CE} 的作用。根据上述分析，提出如图 8-24 所示的加工过程自适应模糊控制系统，分别对控制

规则和比例因子进行在线调整，以改善模糊控制器的性能。

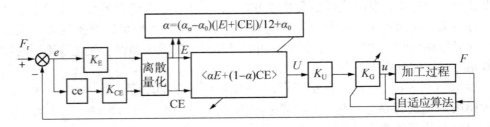

图 8 - 24　加工过程自适应模糊控制系统框图

8.3.2　自适应模糊控制实现

1. 控制规则在线自调整

由于误差 E 和误差变化率 CE 在不同的控制阶段对控制器有不同的影响，在系统响应的不同阶段，式(8 - 7)中的 a 取不同值，可以获得比一般模糊控制器更好的控制效果，但这种方法有不足之处，即每取一个 a 值，就要重新计算一次控制表。为了适应在线调节的需要，可由误差 E 来调整 a。

假设 E、CE、U 相应的论域都取为 $[-M,\cdots,-3,-2,-1,0,1,2,3,\cdots,M]$，则

$$\alpha = (\alpha_s - \alpha_0)\,|E|/M + \alpha_0, \tag{8 - 8}$$

式中，$0 \leqslant \alpha_0 \leqslant \alpha_s \leqslant 1$，$\alpha \in [\alpha_0,\alpha_s]$。上式的计算方法只考虑 E 对 a 的影响，而没有考虑 CE 对 a 的影响，为此设计了一种由误差 E 和误差变化率 CE 来在线调节 a 的算法：

$$\alpha = (\alpha_s - \alpha_0)(|E| + |CE|)/(2M) + \alpha_0, \tag{8 - 9}$$

式中，$M = 6$；$0 \leqslant (|E| + |CE|)/12 \leqslant 1$。下面仿真实验时，取 $\alpha_s = 0.7$，$\alpha_0 = 0.5$。式(8 - 9)中 E、CE 的系数都取为 1，但可按不同要求，取不同的加权系数，表示 E、CE 对 a 作用的强弱。

2. 输出比例因子的在线自适应调节

由图 8 - 24 可得进给速度的电压信号为：

$$u(k) = u(0) + K_G K_U U(k)。 \tag{8 - 10}$$

当系统处于稳态($U = 0$)时，由式(8 - 10)得 $u = u(0)$。而从加工过程系统中得知，当系统处于稳态时又有 $u = F_r/K_t$。K_t 是加工过程的增益，其动态值由下式估算得到：

$$E_r(k) = F(k - 1) - K_t(k - 1)u(k - 1)， \tag{8 - 11}$$

$$K_t(k) = K_t(k - 1) + cE_r(k)， \tag{8 - 12}$$

式中，E_r 为切削力的估计误差；c 为常数(在下面仿真中，取 0.035)。现令

$$K_G = \frac{F_r}{0.5K_t}, \tag{8-13}$$

则式(8-10)可表示为:

$$u(k) = K_G[K_U U(k) + 0.5]。 \tag{8-14}$$

其中,$U(k)$的系数为$(K_G K_U)$,K_G起到调节输出比例因子的作用,其静态值$u(0)$具有自动跟踪功能,这是因为K_t值是由自适应算法估计得到的,当加工过程从一种稳定状态转变到另一种稳定状态时,过程增益K_t相应地从一个稳定值转变到另一个稳定值,从而得到新的静态值$u(0)$。

　加工过程的模型如图2-3所示,背吃刀量a分别为2.54mm、1.91mm、3.81mm时,铣削加工过程的传递函数分别为$G_1(z)$、$G_2(z)$、$G_3(z)$。可见传递函数随背吃刀量而变化,当背吃刀量为1.91mm时,已变为一个非最小相位系统。

　采用图8-24所示的自适应模糊控制时,其中,取$K_E = 0.3$、$K_{CE} = 0.065$、$K_U = 0.05$、$K_G(0) = 7.73$、$F_r = 550$N,控制的结果如图8-25所示。在初始的切削阶段时,切削力的估计误差E_r比较大,此时直接采用$K_G(0)$值,当E_r小于某一数值(这里取10N)时,就取式(8-12)和式(8-13)所得到的估计值。从图8-25可以看出,切削力能很好地保持在期望值上。

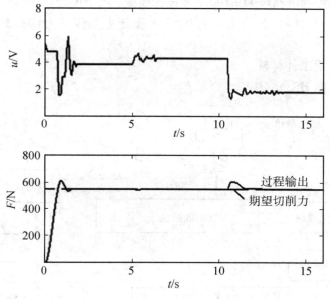

图8-25　自适应模糊控制结果

8.4　基于模糊芯片的加工过程控制实验

前面介绍了以软件方式实现的模糊控制。随着模糊芯片及其开发系统的问世，也可用模糊控制芯片通过硬件方法实现模糊控制。使用硬件来实现模糊控制，具有推理速度快，便于修改模糊规则和隶属度函数等优点。模糊芯片是指模糊微处理器、模糊协处理器和模糊单片机等形式的集成电路，它们具有模糊控制的模糊化、规则推理及反模糊化的功能。目前已研制出多种用于模糊推理的模糊芯片。下面以中国科学院计算技术研究所研制的 F1100 模糊芯片为例，介绍模糊芯片在加工过程中的应用。

试验平台和模糊控制框图如图 8 – 26 和图 8 – 27 所示，包括以下几部分：

（1）XK5140 型立式数控铣床。数控装置（NC）配用美国的 AUTOCON 公司生产的 DELTA 20-MU 型 DynaPath 数控系统；铣床的 X、Y 和 Z 轴分别配置了美国 RELIANCE 公司生产的 MAX-400 型 PWM 伺服驱动装置和 E728 型进给电动机。

（2）486DX66 微机。

（3）研华 12 位 AD/DA 数据采集板（PCL-812PG）和中国科学院计算技术研究所研制的模糊控制电路板 FCB100-PC（包含模糊芯片 F100）。

（4）瑞士 KISTLER 公司生产的 9257 A 型压电晶体测力仪和 5006 型电荷放大器。

（5）Q235 钢工件材料。

（6）高速钢（HSS）立铣刀。

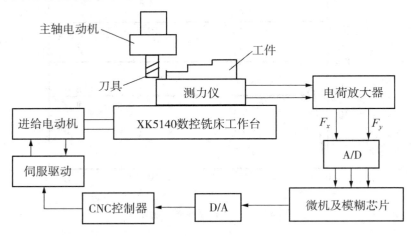

图 8 – 26　加工过程的模糊控制试验平台

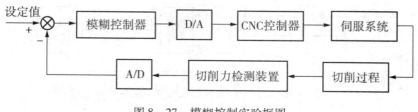

图 8 - 27   模糊控制实验框图

PCL-812PG 型 AD/DA 卡和模糊控制电路板 FCB100-PC 都是插在微机系统板上的 I/O 扩展槽中。切削力按工作台的运动方向可分解为 3 个分力：纵向分力 F_x、横向分力 F_y 和垂直分力 F_z。由于本加工实验只是在水平面上进行，没有垂直方向的进给，而主切削力仅与 F_x 和 F_y 有关，故对垂直分力 F_z 不作检测。在三向测力仪中仅用到其中的两向，切削力 $F = \sqrt{F_x^2 + F_y^2}$。

为了获得可靠实验数据，在实验中，除了在 A/D 输入通道上采用 RC 滤波外，还采用数字滤波方法，以去除外界干扰影响。在数字滤波方面，采用防脉冲干扰平均值法，即对某一个输入通道上的信号连续采样 M 个数据($3 \leqslant M \leqslant 14$)，去掉其中的最大值和最小值后，把剩下的 $M - 2$ 个数据的算术平均值作为该次的采样值。这种方法兼容了算术平均值法和中值滤波的优点。

在切削力的约束自适应控制中，对切削力的信号提取主要有两种方式：一种方式是采用最大切削力(峰值)；另一种是采用平均切削力。本书采用一定时间间隔的切削力的平均值作为控制对象，这个时间间隔称为控制周期 T_c。

F100 芯片的功能是实现模糊推理控制，对基于 IF-THEN 形式的控制规则进行模糊近似推理。芯片的输入是对象的监测参数，即推理前提。芯片的输出是对象的控制参数，即推理结果。输入模糊化采用查表法，即输入清晰值后，直接从输入隶属函数存储器中读出其模糊值，待输入(最多 8 个)全部模糊化完成之后，再进行模糊推理和反模糊化。

8.4.1   常规的模糊控制

要用 F100 芯片来实现模糊控制，需要一个模糊知识库和一个模糊推理机。前者存放模糊控制规则、输入/输出变量隶属函数等数据；后者进行模糊控制近似推理。在装有 F100 芯片的 FCB100-PC 电路板中，知识库存放于分离的 SRAM 或 EPROM 中，而模糊推理机则由 F100 芯片来实现。模糊知识库经编译生成的二进制文件(*.BIN)，可由 CPU 通过 F100 下载到知识库存储器 SRAM，或预先写入 EPROM 中。图 8 - 28 是用 F100 实现常规模糊控制原理图。

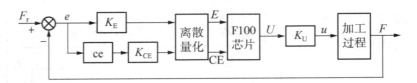

图 8 – 28   用 F100 实现常规模糊控制原理图

设模糊控制器输入变量为 E、CE，输出变量为 U，它们隶属函数相同，均取 7 个隶属函数。隶属函数的参数定义以及形状如图 8 – 29 所示，除了两边的隶属函数 NL(负大)和 PL(正大)取梯形函数(Trapezoid)外，其余的 NM(负中)、NS(负小)、Z(零)、PS(正小)、PM(正中)取三角形函数(Triangle)，变量论域定义为 0 ~ 63，与前面介绍的有所不同。

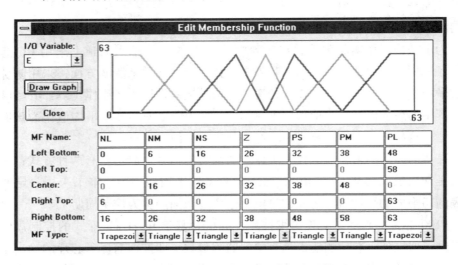

图 8 – 29   输入/输出变量的隶属度函数

实验条件为：对称逆铣，$F_r = 300N$，主轴转速 $n = 540r/min$，铣削宽度 $a_w = 12mm$，采样周期 $T = 12.5ms$，控制周期 $T_c = 125ms$，初始进给速度 $V_{f0} = 0$，刀具为柱柄高速钢立铣刀。(直径 $d = \phi 12mm$、齿数 $z = 3$、$\beta = 30°$)。模糊控制规则见表 8 – 1，隶属度函数见图 8 – 29。当 $K_E = 0.7875$、$K_{CE} = 0.131$、$K_U = 0.006$ 时，基于模糊芯片的控制实验结果如图 8 – 30 所示。

在图 8 – 30 所示的切削加工中，在刀具切入工件前，由于切削力为 0(空载)，力的误差很大，此时模糊控制器输出较大的控制信号，使进给速度迅速上升，直至上升到最大允许进给速度为止。图中最大允许进给速度设为 120 mm/min(对应电压信号为 2.4V)。当铣刀切入工件时，切削力随即上升，而当检测到的铣削力大于期望值时，进给速度开始下降。当进给速度到达与背吃刀量(1.5mm)相适应

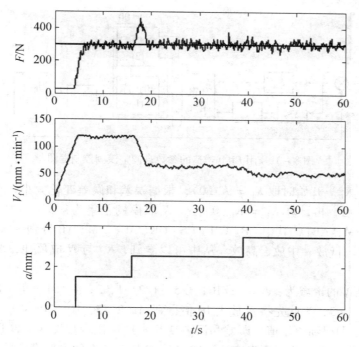

图 8 − 30　基于 F100 芯片的模糊控制结果

的进给速度（图中为 112.3 mm/min）时，切削力基本上稳定在设定的力期望值
（300N）上，此后经历两个 1mm"台阶"，背吃刀量变化为 1.5mm→2.5mm→
3.5mm，与背吃刀量为 2.5mm 和 3.5mm 相对应的进给速度分别为 62.7mm/min
和 49.6mm/min。尽管从 1.5mm 到 2.5mm 和从 2.5mm 到 3.5mm 的背吃刀量变化
都是 1mm，但进给速度的降幅却分别是 49.6 mm/min 和 13.1 mm/min，这说明了
加工过程具有非线性。

8.4.2　参数自调整模糊控制

　　如前所述，模糊控制要获得较好的动态和静态性能，必须增加自适应机构。
这里根据 F100 芯片支持多个知识库的特点，构造一个参数自调整模糊控制系统，
如图 8 − 31 所示。该控制器在常规模糊控制器上增加了自调整机构。自调整机构
的作用是根据系统的误差和误差变化来推理出 K_U 的放大或缩小倍数，也可以是
K_U 的变化量。控制器包含两个知识库，其中知识库（1）实现由 E 和 CE 到 U 的推
理；知识库（2）实现由 E 和 CE 到 K_U 的放大或缩小倍数 N 的推理。

　　知识库（1）按一般模糊控制器设计，如前所述。知识库（2）起到调整 K_U 的作
用，其调整思想是：当误差或误差变化较大时，进行粗调，采用较大的控制改变
量，即放大 K_U。当误差或误差变化较小时，就进行细调，采用较小的控制改变

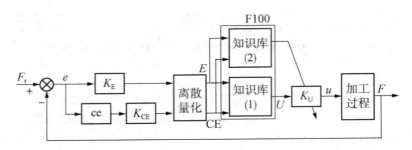

图 8 - 31　用 F100 构造的参数自调整模糊控制框图

量，即缩小 K_U。开始时取 $K_U = K_U(0)$，根据误差和误差变化大小，求得放大或缩小倍数 N 后，再计算 $K_U = K_U(0)/N$。N 取模糊子集为：$N = \{$ CB，CM，CS，OK，AS，AM，AB$\}$，其中 CB、CM、CS、OK、AS、AM、AB 分别为大缩、中缩、小缩、不变、低放、中放、高放。从中可以看到，K_U 与 N 成反比，N 越大，K_U 越小。

现规定 N 的论域为：$N = \{1/10,\ 1/5,\ 1/2,\ 1,\ 2,\ 4,\ 6\}$。但 F100 芯片输出范围为 0 ～ 63，为此先将 N 放大 10 倍得到 $\{1,\ 2,\ 5,\ 10,\ 20,\ 40,\ 60\}$，然后再缩小 10 倍即得到原始值。误差和误差变化隶属度函数如图 8 - 29 所示。参数 N 自调整可用一组修改规则来表达，如表 8 - 3 所示。N 的隶属度函数如图 8 - 32 所示。

表 8 - 3　参数 N 修改规则表

CE	E						
	NL	NM	NS	Z	PS	PM	PL
NL	CB	CM	CS	OK	CS	CM	CB
NM	CM	CS	OK	OK	OK	CS	CM
NS	CS	OK	OK	AS	OK	OK	CS
Z	OK	OK	AM	AB	AM	OK	OK
PS	CS	OK	OK	AS	OK	OK	CS
PM	CM	CS	OK	OK	OK	CS	CM
PL	CB	CM	CS	OK	CS	CM	CB

实验条件为：对称逆铣，$F_r = 300\text{N}$，主轴转速 $n = 540\text{r}/\text{min}$，铣削宽度 $a_w = 12\text{mm}$，采样周期 $T = 12.5\text{ms}$，控制周期 $T_c = 125\text{ms}$，初始进给速度 $V_{f0} = 0$，刀具为柱柄高速钢立铣刀（直径 $d = \phi12\text{mm}$、齿数 $z = 3$、$\beta = 30°$）。知识库（1）的模糊控制规则见表 8 - 1，隶属度函数见图 8 - 29；知识库（2）的 N 调整规则见表 8 - 3，隶属度函数见图 8 - 32。当 $K_E = 0.7875$、$K_{CE} = 0.131$、$K_U(0) = 0.001$ 时，基于

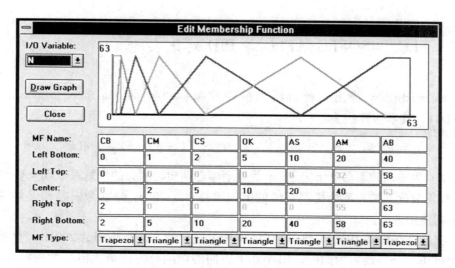

图 8-32 N 的隶属度函数

F100 芯片的参数自调整模糊控制实验结果如图 8-33 所示。与常规模糊控制器相比(图 8-30),基于模糊芯片的参数自调整模糊控制的切削力能更好地保持在设定的期望切削力上。

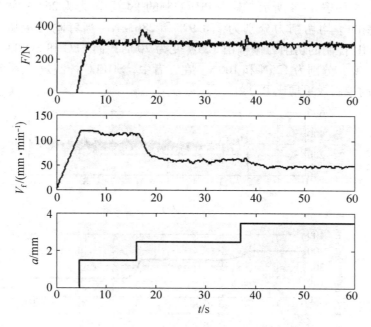

图 8-33 基于 F100 芯片的参数自调整模糊控制结果

8.5　FLC 和 SOFLC/AFLC 与 PID 对比实验

Huang 和 Shy 提出一种自组织模糊控制(self-organizing fuzzy logic control, SOFLC),其学习算法为:

$$u_i(k+1) = u_i(k) + \Delta u_i = u_i(k) + \omega_{ei}\omega_{cei}\frac{\gamma}{K}(1-\xi)e(k) + \xi ce(k), \qquad (8-15)$$

式中,u 为输入的驱动电压信号;γ 为逐渐逼近期望切削力的权重系数($0 < \gamma < 1$);ξ 为权重分配系数;K 为控制系统的前向增益;ω_{ei} 和 ω_{cei} 分别为误差和误差变化的规则连接强度。

实验是在配备 IBM PC486 微机的铣床上进行的。采样频率为 200Hz,主轴转速为 600r/min,铣刀为四齿,用 X 和 Y 方向的切削合力的最大值作为控制变量。为了保护刀具,将最大进给速度限制于 300mm/min,切削铝合金的期望切削力设为 300N。工件的背吃刀量是从 4~8mm 的阶跃变化。

对常规模糊控制 FLC(fuzzy logic control)、自组织模糊控制 SOFLC(见式(8-15))和 PID 控制结果分别如图 8-34、图 8-35 和图 8-36 所示。3 种控制器的实验结果如表 8-4 所示,其中 PID 控制的平均切削力为 264.9N,而 FLC 和 SOFLC 控制的平均切削力分别为 278.9N 和 286.5N。当背吃刀量从 4mm 变为 8mm 时,PID 控制的切削力振幅由 125N 变为 200N,而 FLC 和 SOFLC 的切削力振幅保持不变,分别为 125N 和 100N。在三者中,SOFLC 控制效果最好,而 FLC 和 SOFLC 的控制效果均比 PID 好。

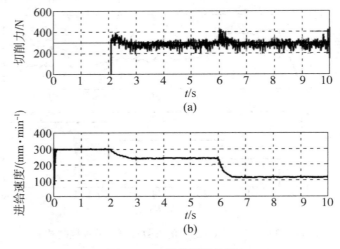

图 8-34　常规模糊控制

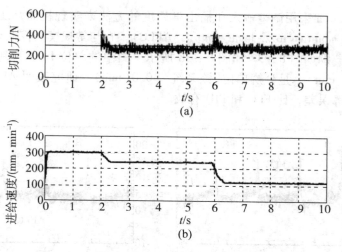

图 8 - 35 自组织模糊控制

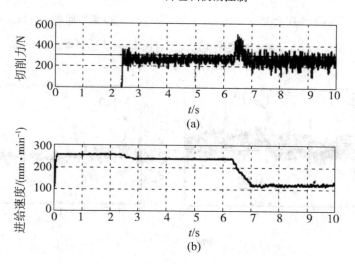

图 8 - 36 PID 控制

表 8 - 4 PID、FLC 和 SOFC 实验结果

控制器类型	PID	FLC	SOFLC
平均切削力 /N	264.9	278.9	286.5
切削力振幅 /N	200	125	100
调整时间 /s	0.5	0.37	0.3
进给速度振幅/(mm·min⁻¹)	20.5	5.8	4.4

　　Jee 和 Koren 采用调整输入和输出隶属度的方法来实现机床加工的轮廓自适应模糊控制(adaptive fuzzy logic control，AFLC)。它与常规模糊控制(FLC)和 PID 控制比较，分别如图 8 - 37 和图 8 - 38 所示。图中的单位 BLU 为基本长度单位(basic length unit)，是分辨单位(该系统为 0.01 mm)。研究表明 AFLC 方法可有效地减少轮廓误差，比 FLC 和 PID 有效。

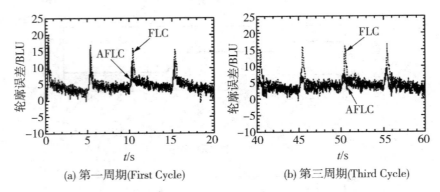

(a) 第一周期(First Cycle)　　　　　(b) 第三周期(Third Cycle)

图 8 - 37　AFLC 与 FLC 的圆形轮廓误差对比实验(进给速度为 0.754m/min)

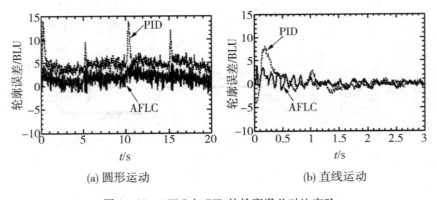

(a) 圆形运动　　　　　　　(b) 直线运动

图 8 - 38　AFLC 与 PID 的轮廓误差对比实验

9 加工过程的神经网络控制

神经网络控制(neural network control, NNC)简称神经控制(neural control, 或 neurocontrol, NC),是智能控制的另一种重要形式,近年来获得了迅速发展。在过程控制领域中,由于对控制品质的要求越来越高,且控制的对象也越来越复杂,而神经网络具有非线性映射、自学习、自适应与自组织和大规模并行分布处理等能力,因而适用于复杂非线性系统的建模和控制,在系统的辨识与控制中已获得了不少的研究成果。本章介绍神经网络原理、神经网络建模与控制的结构及其在加工过程中的应用。

9.1 神经网络模型及其控制学习结构

9.1.1 神经网络模型与学习算法

神经网络是由神经元按一定规则组合而成的网络,它由 3 个因素决定:神经元、神经元与神经元之间的连接方式和学习规则。神经元是对生物神经元的简化和模拟,是神经网络的基本处理单元,包括输入、内部非线性变换以及输出三部分。神经元的模型确定之后,一个神经网络的特性以及能力主要取决于网络的拓扑结构及学习方法。

神经网络的学习方法有两大类:有教师学习和无教师学习。对于有教师学习,将神经网络的输出和希望的输出进行比较,然后根据两者之差的函数(如误差的平方和)来调整网络的权值,最终使其函数值达到最小。对于无教师学习,当输入的样本模式进入神经网络后,网络按照预先设定的规则(如竞争规则)自动调整权值,使网络最终具有模式分类等功能。

根据连接方式,神经网络常分成两大类:无反馈的前向神经网络和相互结合型网络。前向神经网络由输入层、一层或多层的隐含层和输出层组成,每一层的神经元只接受前一层神经元的输出。而相互结合型神经网络中任意两个神经元之间都可能有连接,因此,输入信号要在神经元之间反复传递,从某一初始状态开始,经过若干次的变化,渐渐趋于某一稳定状态或进入周期振荡等其他状态。

MATLAB 的神经网络工具箱较完整地概括了神经网络成果,涉及的网络模型有感知器、线性神经网络、反向传播网络、径向基神经网络、自组织竞争人工神经网络、回归神经网络等，提供了各种激活函数和多种学习方法。

反向传播（back propagation，BP）网络是目前研究最多的神经网络模型之一。它是一个单向传播的多层前向网络，包含输入层、隐层及输出层。隐层可以为一层或多层，只在相邻层节点间才有联结关系，而同层节点间没有任何连接。在正向传播过程中，输入信息从输入层传到隐层，最后传到输出层。若输出层得不到期望的输出，则转入误差反向传播，通过修改各层神经元联结权值，使输出误差减小。标准的 BP 网络是根据 Widrow-Hoff 规则，采用梯度下降算法，在非线性多层网络中，反向传播计算梯度。但 BP 网络存在自身的限制与不足，如需要较长的训练时间、会收敛于局部极小值等。针对 BP 算法的缺点，许多研究者提出了不少的改进算法，如附加动量法、自适应学习速率法、RPROP 方法、共轭梯度法、拟牛顿法、Levenberg-Marquard 方法等，这些算法集成在 MATLAB 语言神经网络工具箱中。

MATLAB 的神经网络工具箱提供了 3 种神经网络控制器结构：模型参考控制、NARMA-L2（反馈线性化）控制和神经网络预测控制，如图 9 - 1 所示，同时给出了有关 3 种神经控制器应用的详细实例。

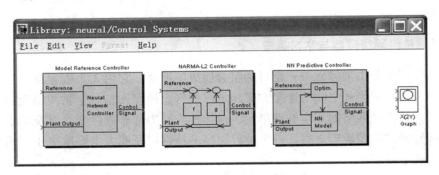

图 9 - 1　MATLAB 提供的神经网络控制器

9.1.2　神经网络控制的学习结构

自动控制面临的一个挑战性问题是控制对象的不确定性和时变性，解决这一问题的对策是采用自适应控制。基于神经网络的控制系统可以看作是一种特殊形式的自适应控制器，神经网络学习算法则是使相应控制系统达到期望输出的基本手段，是决定神经网络性质的两个基本特征之一，而神经网络的学习问题实际上就是网络的权值调整问题，网络权值的调整方式决定了神经网络的学习结构。

控制系统中神经网络的学习可分为离线学习和在线学习两种形式。离线学习将网络的学习过程与控制独立开来，当训练结束后，再将已训练好的神经网络加到控制系统中去；在线学习则是直接将未训练的神经网络加入到控制系统中，在产生前馈作用的同时完成网络的学习过程。从控制的结构形式来看，神经网络的学习又可分为间接学习、一般学习和特殊学习。

1. 间接学习（indirect learning）结构

神经网络间接学习控制的结构如图 9 - 2 所示。它包含两个结构相同的神经网络 NN1 和 NN2。NN1 是前馈控制器，其输入是期望信号 y_d，输出信号 u 给控制对象；NN2 的输入信号为对象的实际输出 y，输出信号为 t，利用两

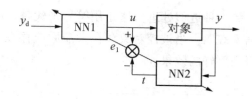

图 9 - 2 间接学习结构

个网络输出信号差（$e_1 = u - t$）来调整网络的权值，使误差 e_1 趋向于 0，从而使总误差（$e = y_d - y$）也趋向于 0。

2. 一般学习（general learning）结构

神经网络的一般学习结构如图 9 - 3 所示。把输入信号 u 加到对象上产生相应的输出信号 y，而将 y 输入到神经网络 NN，得到输出信号 t，用误差（$e = u - t$）来调整网络的权值。经训练后的神经网络，当输入为期望响应 y_d 时，就能产生合适的输入信号 u，使实际输出 y 接近期望响应 y_d。这种训练是离线进行的，要求在对象输入输出空间均匀地选取训练样本，以覆盖对象的整个操作范围。

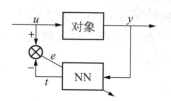

图 9 - 3 一般学习结构

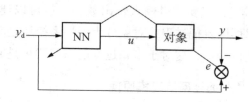

图 9 - 4 特殊学习结构

3. 特殊学习（specialized learning）结构

一种特殊学习的神经网络控制结构如图 9 - 4 所示。在这种结构中，将期望响应 y_d 作为网络的输入，网络经学习以找出对象输入 u，在 u 的驱动下使系统输出响应 y 接近期望响应 y_d。与一般学习结构不同，这种结构可实现在线学习，得到动态控制器。这里用对象的期望响应与实际响应之差来调整网络的权值，必须知道对象的雅可比（Jacobian）矩阵。为此，将对象看作为网络的输出层，但对其不做权值修正。这样假设后，误差可通过对象反向传播，但必须知道 $\partial y / \partial u$。当对象模型未知时，无法直接求得 $\partial y / \partial u$，只能做近似处理。一种办法是可用差商代替偏微商，如采用近似处理方法：

$$\frac{\partial y}{\partial u} \approx \frac{y(\bar{u} + \Delta u) - y(\bar{u})}{\Delta u}, \tag{9-1}$$

或

$$\frac{\partial y_k}{\partial u_k} \approx \frac{y_k - y_{k-1}}{u_k - u_{k-1}}。 \tag{9-2}$$

另一种近似处理方法是用符号来代替，即用 $\mathrm{sign}(\partial y/\partial u)$ 代替 $\partial y/\partial u$。一些研究结果表明，当被控对象存在大滞后或存在干扰时，采用 $\mathrm{sign}(\partial y/\partial u)$ 处理方法会得到更好的效果。

9.2　基于神经网络的加工过程建模

系统辨识是控制系统设计的基础，利用控制理论去解决实际问题时，需要建立被控对象的数学模型。虽然对线性系统已经有了多种普遍适应的辨识方法，但对于非线性系统的辨识尚处于探索阶段。已有的一些非线性系统辨识方法，往往需要有关被辨识系统的结构形式的各种先验知识和假设，基本上是针对某些特殊的非线性系统而言。神经网络因其具有学习能力和非线性特性，在系统辨识（尤其在非线性）方面具有很大的潜力。神经网络用于系统辨识，就是选择一个合适的神经网络模型来逼近实际系统。用神经网络建模，可将过程或对象看作一个"黑箱"，只要测得输入输出数据，就可以建立相应的模型，不必像传统的系统辨识那样要把过程或对象分为线性系统还是非线性系统，也不必对过程或对象内部进行分析，这对于未知过程的系统辨识是非常方便的。

9.2.1　神经网络建模原理

所谓神经网络建模，就是用测得的过程输入输出数据对神经网络进行训练，从而获得其输入输出特性与实际过程等价的神经网络模型，其动态建模原理如图 9-5 所示。这是由静态神经元加上时延算子反馈而形成的动态神经网络。$y(t)$、$\hat{y}(t)$ 分别为对象和网络的输出，n_y 和 n_u 分别为输入和输出最大时延。假设对象的非线性离散方程为：

$$y(t) = f[y(t-1),\cdots,y(t-n_y),u(t-1),\cdots,u(t-n_u)], \tag{9-3}$$

显然，用于辨识的神经网络可选成与对象具有相同输入输出的结构形式，即

$$\hat{y}(t) = \hat{f}[y(t-1),\cdots,y(t-n_y),u(t-1),\cdots,u(t-n_u)], \tag{9-4}$$

式中，$\hat{f}(\ )$ 表示神经网络逼近对象的输入输出的非线性映射，神经网络辨识器包含对象的过去输出值。像式（9-4）这样的结构称为串并结构（series-parallel structure)，如图 9 – 5a 所示。如果神经网络辨识器经过适当的训练后，能很好地代表对象，即 $\hat{y}(t) \approx y(t)$，那么随后网络的训练就能用自身的输出反馈成为其输入的一部分，此时，网络可以独立于对象被使用。神经网络模型可表示为：

$$\hat{y}(t) = \hat{f}[\hat{y}(t-1), \cdots, \hat{y}(t-n_y), u(t-1), \cdots, u(t-n_u)]。 \qquad (9-5)$$

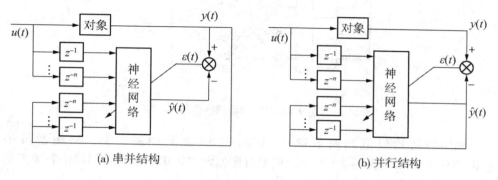

(a) 串并结构　　　　　　　　　　　　(b) 并行结构

图 9 – 5　神经网络动态建模原理图

像式(9 – 5)这样的结构称为并行结构(parallel structure)，如图 9 – 5b 所示。这种结构对于有噪声的系统特别有用，它避免了噪声所引起的系统偏置。

9.2.2　加工过程的神经网络建模

设某一车削加工过程模型(见第 2 章的模型 1)参数为：$n = 600\text{r/min}$，$K_n = 1\text{mm/(V·s)}$，$K_s = 1670 \text{ N/mm}^2$，$K_e = 1.5$，$a = 2\text{mm}$，$\xi = 0.5$，$\omega_n = 20\text{rad/s}$，现以 $m = 0.7$ 为例来建立加工过程的非线性模型。当 $m \neq 1$ 时，加工过程为非线性系统。当指数 m 远离 1 时，如果仍然取 $m = 1$，对加工过程系统强求做线性化处理，就会产生较大误差，如图 2 – 4 所示。

神经网络建模，其输入层和输出层神经元的数目由所需的输入和输出维数决定，而隐层神经元数目的选择尚无理论指导，可在试凑的基础上选取。加工过程可简化用一个二阶系统来描述，因此有 4 个输入和 1 个输出，取输入向量为：$\boldsymbol{x} = [F(t-1), F(t-2), u(t-1), u(t-2)]^T$。选隐层神经元数目为 5，输入层和输出层神经元采用线性激活函数，隐层的激活函数采用 S 函数。最后得到如图 9 – 6 所示的 BP 神经网络模型，其输入层、隐层和输出的神经元数分别为：$n_0 = 4$，$n_1 = 5$，$n_2 = 1$。

神经网络学习所需的样本，通过随机方法产生，即在 u 的范围(0 ~ 5V)内随机产生 100 个输入数据，然后通过仿真模型产生所需的输出数据。为了提高神经网络的学习收敛速度，先将输入和输出数据进行规范化处理，即将训练样本化为 0 与 1 之间的数据。

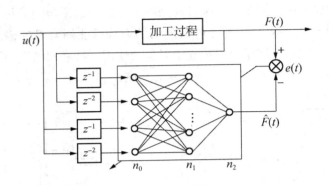

图 9 - 6　BP 神经网络建模

　　网络的初始权值和阈值取（ - 0.5，0.5）之间的随机数，初始学习率 $\eta(0) = 0.01$，动量因子 $\alpha = 0.95$，误差目标值设为 0.02，训练神经网络后得到的权值（$\boldsymbol{w}$）和阈值（$\boldsymbol{B}$）如下：

$$\boldsymbol{w}^1 = \begin{bmatrix} -0.4800 & 0.5372 & -0.1099 & 0.7836 \\ 0.4475 & 1.4873 & 0.0965 & -0.4343 \\ 0.8269 & 1.0929 & 0.7820 & 0.8311 \\ -0.6170 & 2.3002 & -0.1014 & -0.1630 \\ 0.9032 & -0.7706 & 0.2582 & 0.0780 \end{bmatrix}, \quad \boldsymbol{B}^1 = \begin{bmatrix} -0.0531 \\ 0.0128 \\ -1.3549 \\ -1.7611 \\ 0.0931 \end{bmatrix},$$

$$\boldsymbol{w}^2 = \begin{bmatrix} 0.2289 & 0.6289 & 0.5323 & 1.2809 & -0.4167 \end{bmatrix}, \quad \boldsymbol{B}^2 = \begin{bmatrix} -0.4342 \end{bmatrix},$$

式中的上标数字表示神经网络单元所在的层。用已训练好的神经网络进行跟踪试验，输入信号如图 9 - 7 所示，神经网络跟踪响应结果见图 9 - 8。从图中可以看出，该神经网络模型具有很好的跟踪响应（为了与实际过程响应曲线相区别，图将两条曲线分开来绘画，否则很难区分两条响应曲线）。可见神经网络模型实现了令人满意的非线性加工过程的输入输出关系的映射。

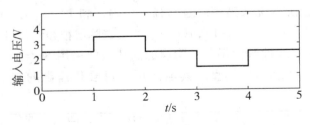

图 9 - 7　输入信号

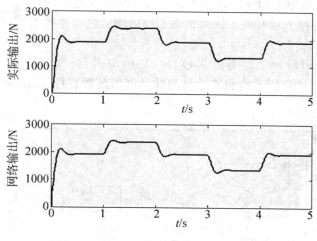

图9-8　神经网络模型的输出和实际输出

9.3　加工过程的神经网络自适应控制原理与仿真

神经网络在控制中的作用可分为：①基于模型的各种控制结构，如模型参考自适应控制、自校正控制、内模控制、预测控制等；②用作控制器；③在控制中起优化计算作用。

一般的控制问题可描述为寻找正确的控制作用，使得被控对象从一个初始状态运行到所期望的状态 Y_d。神经网络控制器的目的就是，在给定对象目前状态下，产生一个正确的控制信号 U_{com}，驱动对象到达所期望的状态 Y，如图9-9所示。

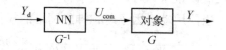

图9-9　神经网络逆模型控制

假设神经网络经过学习，等同对象的逆模型，那么此时对象的输出可表示为：

$$Y = GU_{com} = G(G^{-1}Y_d) = (GG^{-1})Y_d = Y_d。 \tag{9-6}$$

这种方法在很大程度上依赖于作为控制器的逆模型的精确程度。由于不存在反馈和在线学习能力，这种方法不具有自适应性。神经网络自适应控制有直接和间接两大类型。下面介绍加工过程的神经网络自适应控制。

9.3.1　基于BP神经网络的直接自适应控制

求解加工过程的逆动力学模型，要用到将来的输出值 $F(t+1)$。为了避开

$F(t+1)$，在这里用 $F_r(t+1)$ 代替 $F(t+1)$，这种设想是合理的，因为参考信号 $F_r(t+1)$ 通常是事先已知的。因此，用来映射加工过程逆模型的神经网络输入输出关系可表示为：

$$u(t) = f^{-1}[F_r(t+1), F(t), F(t-1), u(t-1)], \qquad (9-7)$$

从而得到如图 9-10 所示的加工过程的神经网络前馈直接控制（feedforward direct control）。

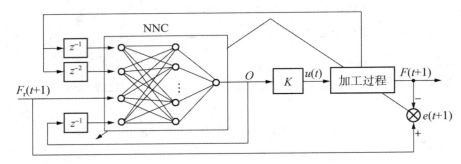

图 9-10　加工过程的神经直接自适应控制

误差函数 E 取为：

$$E = (F_r - F)^2/2 = e^2/2 \, 。 \qquad (9-8)$$

这里采用特殊学习方式，将加工过程（对象）当作网络的一层来处理，但对它不作权值修正，经过训练使期望输出与加工过程的实际输出之间的误差最小。这里通过对象将误差反向传播并对网络的权值进行修正，要用到 $\partial F/\partial u$，当加工过程的模型未知时，无法求得 $\partial F/\partial u$，此时可用下述方法求得。

当使用动量因子时，神经网络的权值修正公式为：

$$W_{ji}(t+1) = W_{ji}(t) - \eta \frac{\partial E}{\partial W_{ji}} + \alpha[W_{ji}(t) - W_{ji}(t-1)], \qquad (9-9)$$

其中，

$$\frac{\partial E}{\partial W_{ji}} = \frac{\partial E}{\partial F(t+1)} \frac{\partial F(t+1)}{\partial W_{ji}} = \frac{\partial E}{\partial F(t+1)} \frac{\partial F(t+1)}{\partial u(t)} \frac{\partial u(t)}{\partial W_{ji}}$$

$$= -e(t+1)\,\mathrm{sign}\left(\frac{\partial F(t+1)}{\partial u(t)}\right) \frac{\partial u(t)}{\partial W_{ji}}, \qquad (9-10)$$

式中，用 $\mathrm{sign}\left(\dfrac{\partial F(t+1)}{\partial u(t)}\right)$ 代替 $\dfrac{\partial F(t+1)}{\partial u(t)}$；$u(t)$ 是加工过程的输入信号。在金属的切削加工过程中，当 u 增加时，会导致 F 增加，因此可求得

$$\mathrm{sign}\left(\frac{\partial F(t+1)}{\partial u(t)}\right) = 1 \, 。 \qquad (9-11)$$

最后将式(9 - 10)、式(9 - 11)代入式(9 - 9)，得到网络的权值修正公式为：

$$W_{ji}(t+1) = W_{ji}(t) + \eta e(t) \frac{\partial O(t)}{\partial W_{ji}} + \alpha [W_{ji}(t) - W_{ji}(t-1)], \qquad (9-12)$$

式中，$O(t)$ 为神经网络的输出；η 为学习率；α 为动量系数；$\partial u/\partial O = K$，$K$ 为比例系数，式中已将 K 并入学习率 η 中。如图 9 - 10 所示，NNC 采用三层 BP 网络，输出为 $u(t)$，见式(9 - 7)。由于输出要经过 A/D 转换以控制对象，因而神经网络输出最好是有界的，为此将网络的隐层和输出层均取 S 函数。

网络输入：

$$x(t) = [F_r(t+1), F(t), F(t-1), u(t-1)]^T; \qquad (9-13)$$

隐层：

$$net_j^h = \sum_{i=1}^{n_0} w_{ji}^h x_i + B_j^h, \qquad (9-14)$$

$$O_j^h = f(net_j^h) = f(\sum_{i=1}^{n_0} w_{ji}^h x_i + B_j^h); \qquad (9-15)$$

输出层：

$$net^o = \sum_{j=1}^{n_1} w_j^o O_j^h + B^o, \qquad (9-16)$$

$$O = f(net^o), \qquad (9-17)$$

式中，B_j^h 和 B^o 分别是隐层和输出神经元的阈值；f 为 S 函数；w_{ji}^h、w_j^o 分别是隐层与输入层、输出层与隐层之间的权值。由式(9 - 16)、式(9 - 17)求得：

$$\frac{\partial O}{\partial W_j^o} = O(1-O)O_j^h。 \qquad (9-18)$$

用式(9 - 18)代入式(9 - 12)即得输出层权值修正公式：

$$W_j^o(t+1) = W_j^o(t) + \eta e(t) O_j^h O(1-O) + \alpha [W_j^o(t) - W_j^o(t-1)]; \qquad (9-19)$$

同理可求得阈值修正公式：

$$B^o(t+1) = B^o(t) + \eta e(t) O(1-O) + \alpha [B^o(t) - B^o(t-1)]。 \qquad (9-20)$$

由式(9 - 14)~式(9 - 17)求得：

$$\frac{\partial O(t)}{\partial W_{ji}^h} = \frac{\partial O(t)}{\partial O_j^h} \frac{\partial O_j^h}{\partial net_j^h} \frac{\partial net_j^h}{\partial W_{ji}^h} = W_j^o O(1-O) O_j^h (1-O_j^h) x_i, \qquad (9-21)$$

$$\frac{\partial O(t)}{\partial B_j^h} = \frac{\partial O(t)}{\partial O_j^h} \frac{\partial O_j^h}{\partial net_j^h} \frac{\partial net_j^h}{\partial B_j^h} = W_j^o O(1-O) O_j^h (1-O_j^h)。 \qquad (9-22)$$

将上两式分别代入式(9 - 12)就可得到隐层的权值和阈值修正公式：

$$W_j^h(t+1) = W_j^h(t) + \eta W_j^o O(1-O) O_j^h(1-O_j^h) x_i + \alpha[W_j^h(t) - W_j^h(t-1)], \quad (9-23)$$

$$B^h(t+1) = B^h(t) + \eta W_j^o O(1-O) O_j^h(1-O_j^h) + \alpha[B^h(t) - B^h(t-1)]。 \quad (9-24)$$

最后得到加工过程的神经网络直接自适应控制算法和流程如下：

Step 1：初始化，对权值和阈值赋以随机小值；设定学习目标误差 ε。

Step 2：由式(9-13)提供输入向量 $x(t)$。

Step 3：由式(9-14)～式(9-17)计算神经网络前向输出 O。

Step 4：将 $u(=KO)$ 输给加工过程，并检测过程输出的切削力 $F(t+1)$，按式(9-8)计算误差。

Step 5：判断是否要进行权值和阈值的调整。当误差 $>\varepsilon$ 时，按式(9-19)、式(9-20)、式(9-23)、式(9-24)修改权值和阈值。

Step 6：返回 Step 2。

例 9-1　设车削加工过程如第 2 章的模型 1，其参数为：$n = 600 \text{ r/min}$，$K_n = 1 \text{mm/(V·s)}$，$K_s = 1670 \text{ N/mm}^2$，$K_e = 1.5$，$\xi = 0.5$，$\omega_n = 20 \text{rad/s}$，$m = 0.7$。采用如图 9-10 所示的神经网络自适应控制，NNC 为 5-5-1 的 BP 网络，其输入见式(9-13)。

设期望切削力 $F_r = 1000\text{N}$，假设背吃刀量在 1～5mm 之间变化。切削力采样和控制周期 $T = 0.01\text{s}$。将切削力的输入值除以 F_r（即 F/F_r）和电压信号除以 u_{max}（即 u/u_{max}）再作为输入，取 $u_{max} = 5\text{V}$，由于 S 函数具有饱和非线性的输出特性，其值在 [0,1] 之间，因此网络控制器的输出再乘以 u_{max} 即可得到控制信号，其大小在 0～5V 变化，神经网络的权值和阈值在 [-0.2, 0.2] 之间随机选取。

取动量系数 $\alpha = 0$，网络的学习率 η 根据误差的大小作调整，按

$$\eta = \begin{cases} 0.6 \left| \dfrac{F_r - F}{F_r} \right| \\ 0.2 \quad \text{if } \eta < 0.2 \end{cases} \quad (9-25)$$

计算，可知，当切削力的误差较小时，学习率也较小；如果学习率小于 0.2，则取 $\eta = 0.2$。仿真时，每个采样周期间隔只学习一次。如果目标误差小于预定值，网络就停止训练学习。如果在一个采样周期间隔内进行多次学习，那么学习率应适当减小。训练神经网络的目标函数取

$$E_r = e_r^2/2 = [(F_r - F)/F_r]^2/2 = 10^{-6}。 \quad (9-26)$$

图 9-11 所示为加工过程的神经网络直接自适应控制结果，权值和阈值的学习更新如图 9-12 和图 9-13 所示。

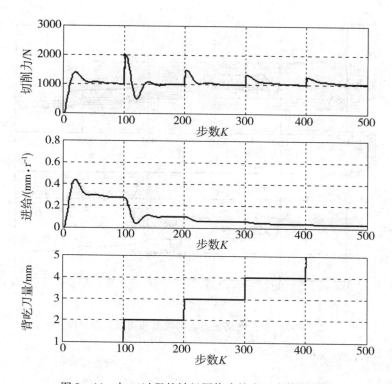

图 9 - 11　加工过程的神经网络直接自适应控制结果

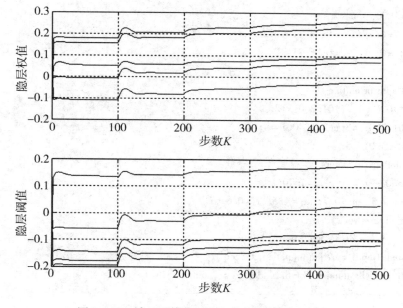

图 9 - 12　神经网络隐层的权值和阈值学习过程

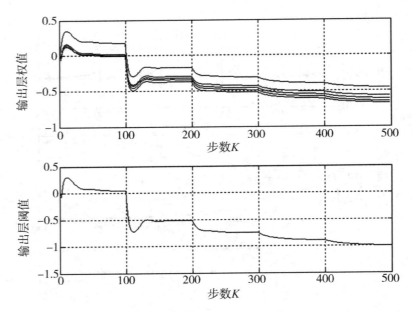

图 9 – 13　神经网络输出层的权值和阈值学习过程

程序如下:

```
% exa9_1. m
clear all, close all
Fr = 1000;  umax = 5;
u(1) = 0;  V(1) = 0;  F(1) = 0;
u(2) = 0;  V(2) = 0;  F(2) = 0;
Ft = Fr/Fr;
% Depth of cutting
a(1:100) = 1; a(101:200) = 2;
a(201:300) = 3; a(301:400) = 4;
a(401:500) = 5;
% Model parameters
n = 600;  wn = 20;  ks = 1670;  kn = 1;
Zeta = 0. 5;  m = 0. 7;  ke = 1. 5;  T = 0. 01;
num = [ kn * wn^2];
den = [1, 2 * Zeta * wn, wn * wn];
[ Numd, Dend] = c2dm( num, den, T, 'zoh');
% Input cells number R = 6, hidden S1 = 7, output S2 = 1
R = 4; S1 = 5; S2 = 1;
% initialisation of hidden and output weights and biases
```

```
Wh = rands(S1, R) . * 0.2; Bh = rands(S1, 1) . * 0.2;
Wo = rands(S2, S1) . * 0.2; Bo = rands(S2, 1) . * 0.2;
P = [ Ft F(2)/Fr F(1)/Fr u(1) ]'; % initial input
for i = 2: length(a) - 1
    Oh = logsig( Wh * P + Bh); % Hidden cells responses
    O(i) = logsig( Wo * Oh + Bo); % Output cells responses
    u(i) = O(i) * umax;
    V(i + 1) = - Dend(2) * V(i) - Dend(3) * V(i - 1) + Numd(2) * u(i) + Numd(3) * u(i - 1)
    f(i + 1) = 60 * V(i + 1)/n;
    F(i + 1) = ks * ke * a(i + 1) * f(i + 1)^m; % Caculating forces
    e(i) = Ft - F(i + 1)/Fr;  % Error
    eta = 0.6 * abs(e(i));   % Learning rate
    if eta < 0.2, eta = 0.2; end
    if e(i) . * e(i)/2 > 1e - 6  % Learning phase
        delta(i) = O(i) . * ( 1 - O(i)) . * e(i);
        Wo = Wo + eta * delta(i) * Oh';
        Bo = Bo + eta * delta(i);
        dOh = Oh . * ( ones( size( Oh)) - Oh) . * ( Wo' * delta(i));
        Wh = Wh + eta * dOh * P';
        Bh = Bh + eta * dOh;
    end
    P = [ Ft F(i + 1)/Fr F(i)/Fr u(i) ]';
    Weights_Wh(:, :, i) = Wh; Bias_Bh(:, :, i) = Bh;
    Weights_Wo(:, :, i) = Wo; Bias_Bo(:, :, i) = Bo;
end
subplot(3, 1, 1), plot(F), grid
xlabel('步数 { \ itk }'), ylabel('切削力 /N');
subplot(3, 1, 2), plot(f), grid
xlabel('步数 { \ itk }'), ylabel('进给 / mm\ cdotr^{ -1}');
subplot(3, 1, 3), plot(a), grid
xlabel('步数 { \ itk }'), ylabel('背吃刀量 / mm');

% Hidden layer weights and biases evolution
figure(2)
for j = 1: 5
    x = Weights_Wh(j, 1, :);
    subplot(2, 1, 1), plot(x(:))
    hold on
```

```
end
hold off, grid
ylabel('隐层权值')
xlabel('步数 { \ itk }')
for j = 1:5
    x = Bias_Bh(j, 1, :);
    subplot(2, 1, 2), plot(x(:))
    hold on
end
hold off, grid
ylabel('隐层阈值')
xlabel('步数 { \ itk }')

% Output layer weights and biases evolution
figure(3)
for j = 1:5
    x = Weights_Wo(1, j, :);
    subplot(2, 1, 1), plot(x(:))
    hold on
end
hold off, grid
ylabel('输出层权值')
xlabel('步数 { \ itk }')
subplot(2, 1, 2), plot(Bias_Bo(:))
grid
ylabel('输出层阈值')
xlabel('步数 { \ itk }')
```

　　从图 9-11 可以看到，神经网络直接自适应控制是稳定的。刀具切入工件时，切削力随即快速上升，当进给速度到达与背吃刀量相适应的进给速度时，切削力基本上稳定在设定的期望力上，此后经历 4 个 1mm"台阶"，背吃刀量变化为 1mm→2mm→3mm→4mm→5mm，而这 4 个背吃刀量变化引起 4 个相类似的过程。尽管每次背吃刀量变化都是一样的，但最大振幅却依次递减。这主要是由于加工过程的非线性引起的，虽然每次背吃刀量变化都是 1mm，但进给量变化是非线性的，例如，背吃刀量从 1mm 突变到 2mm 所引起的进给变化量，比背吃刀量从 2mm 突变到 4mm 所引起的进给变化量还要大。背吃刀量越小，进给速度就越快，以确保背吃刀量(a)与进给量(f^m)的乘积恒定，从而使切削力 F 保持在设定的期望力上。另外，背吃刀量突变前的进给速度不一样，相当于初始条件不一样，因而系统响应自然也不一样。

当背吃刀量发生突变时，切削力发生较大的超调，与常规自适应控制产生的超调现象相似，这与加工过程的动态特性和初始条件有关，但实际切削加工过程的切削力超调要比模拟时小，这是因为实际切削时，刀具是逐渐切入工件的，在新的背吃刀量影响到整个刀具之前，控制器已减小了进给信号，而在模拟试验时，背吃刀量变化在瞬间完成，并作用到整个刀具上。

网络的输入向量选择对控制过程的响应性能有很大的影响。可改变输入向量节点数来进一步实验，如输入向量可取为：

$$x(t) = \left[F_r(t+1), F(t), F(t-1), F(t-2), u(t-1) \right]^T, \quad (9-27)$$

或

$$x(t) = \left[F_r(t+1), F(t), F(t-1), F(t-2), u(t-1), u(t-2) \right]^T 。 \quad (9-28)$$

合理地选择输入向量的构成和节点数对控制性能有很大影响。但为了减少运算时间和加速网络的收敛，在保证精度和性能要求下应取最小输入节点数。此外，神经网络的输入节点数与被控对象模型的阶次有关。系统的阶次越高，输入节点数也应越多。

神经直接自适应控制是利用神经网络来估计对象的逆动力学模型，用期望的输出 F_r 去逼近一个期望的控制量 u_d，但没有改变系统的动态响应特性。而传统的控制（如 PID），是通过选择合适的控制器参数，对被控对象进行校正以达到期望的响应性能。因此，神经网络可结合传统控制或模糊控制进一步改善控制系统的性能，例如，神经网络控制器输出与比例控制器输出叠加，形成混合控制。

9.3.2 改进的神经网络直接自适应控制

众所周知，PID 和模糊等控制器都是利用误差和误差变化按照某种算法或规律来求得控制信号的。由此得到启示：是否可在常规的神经网络控制器的输入向量中增加误差（或误差变化）单元？其控制效果又如何呢？由前述的神经直接自适应控制可知，误差是通过反馈来调节神经网络的权值和阈值的，属于"间接"作用；而在神经网络的输入向量中增加误差分量，则属于"直接"作用。

例9-2 与例9-1相同的加工过程，但神经网络控制器为 5-5-1 结构，其输入向量取为：

$$x(t) = \left[F_r(t+1), F(t), F(t-1), u(t-1), e(t) \right]^T 。 \quad (9-29)$$

这种含有误差输入节点的神经网络控制器称为改进型的神经网络控制器。其特点是，在输入向量中直接包含误差或误差变化的分量，或同时包含两者。在此只讨论包含一个误差的情形。该改进型的神经网络直接自适应控制结果如图 9-14 所示。

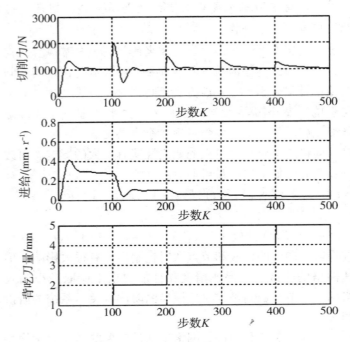

图 9-14 改进的神经网络直接自适应控制

由于 $t \to \infty$ 时，$e(t) \to 0$，因此加入误差单元不影响稳定控制精度，但影响动态响应和控制输出量。在神经网络的训练中发现，加入该误差单元，可加快神经网络的收敛速度。

9.3.3 神经网络间接自适应控制

先用一个神经网络(NNI)建立一个被控系统的辨识模型，再用此模型训练神经网络控制器(NNC)，这种综合了辨识和控制的方法在自适应控制中称为间接控制。图9-15所示为加工过程的神经网络间接自适应控制。

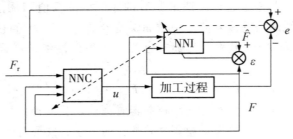

图 9-15 加工过程的神经网络间接自适应控制

首先用加工过程所测得的输入输出数据，按前述的方法训练神经网络辨识器（NNI），使 NNI 输出与对象输出之差 $\varepsilon \to 0$。然后再训练神经网络控制器（NNC），但由于对象位于 NNC 和误差 e 之间，误差 e 必须通过某一通道反传到控制器，以调整 NNC 的权值和阈值。如果被控对象未知时，就无法利用雅可比（Jacobian）矩阵信息，这里是通过 NNI 将误差 e 反传来对 NNC 的权值和阈值进行调整，使误差 $e \to 0$。因为经过充分训练的 NNI 可以较好地近似反映加工过程的动态特性，此时其输出可用来代替加工过程的输出，即用 NNI 的输出 $\hat{F}$ 的对 u 的灵敏度 $(\partial \hat{F} / \partial u)$ 来近似等于 $\partial F / \partial u$，从而得到如图 9－15 所示的加工过程神经间接自适应控制。此外，还可以通过灵敏度（sensitivity）网络来反传误差对 NNC 进行训练。

9.4   基于神经网络的控制实验实例

下面给出两个加工过程神经网络控制实例。一例是有关加工过程的神经网络控制，另一例是有关加工过程的模糊神经网络控制。

9.4.1   加工过程的神经网络控制

Tarng 等人提出一种车削加工过程的神经网络控制系统如图 9－16 所示。多层前向神经网络结构为 4－10－1，通过多分头时延线 TDL（tapped delay line），将切削力信号变为相应的时延输出矢量，作为神经网络的输入。通过在线学习，使神经网络的输出信号 U_n 尽可能与被控对象的命令信号 U_{com} 相等，以获得恒切削力。限幅器起到限制 U_{com} 幅值的作用，其上限置为 150 mm/min，以防进给速度太快而损坏刀具。

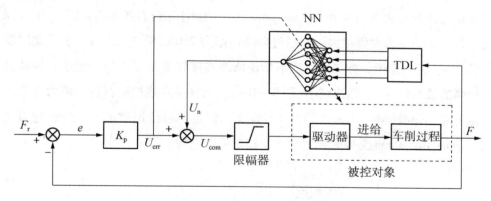

图 9－16   车削加工过程的神经网络控制系统

　　将实际切削力 F 与参考切削力 F_r 比较，产生误差 $e = F - F_r$，e 与比例系数 K_p 相乘，得到误差信号 U_{err}。比例系数 K_p 通常较小，因此反馈误差信号 U_{err} 主要用于修改神经网络的权值，对反馈控制系统性能的影响可忽略不计。由此可见，输入到被控制对象的命令信号 $U_{com} = U_n + U_{err} \approx U_n$。一旦反馈误差信号 U_{err} 最小化，U_{com} 约等于 U_n，就不再调整神经网络的权值，此时就获得了被控对象的逆模型，F 等于 F_r。如果被控对象的参数发生变化或受干扰影响，就产生误差信号 U_{err}，需要修改神经网络的权值以减少误差 U_{err}，直到 F 再等于 F_r 为止。

　　通过 FANUC-0TF 控制装置将神经网络控制器连接到 FMC-0T CNC 车削中心，工件材料为 25 钢，工件形状如图 9-17 所示。用 KISTLER 9121 测力仪测量切削力，通过 DT2828 数据采集板来采样数据。神经网络控制的结果如图 9-18 所示，其中 $K_p = 0.01$，$F_r = 250N$，学习率 $\eta = 0.1 |F_r - F| / F_r$，主轴转速 $n = 1000r/min$，采样频率为 50Hz。

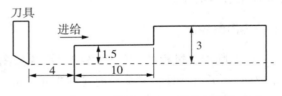

图 9-17　工件的背吃刀量几何形状

　　刀具在离开工件 4mm 的地方开始进给，刀具还未切削工件时，误差信号 U_{err} 最大(图 9-18a)，神经网络调整连接权值，产生最大的输出信号 U_n，从而使刀具迅速加速到最大进给速度 150mm/min(图 9-18b)。当刀具开始切削 1.5mm 深度工件时，切削力立即增大，并超过参考切削力 250N(图 9-18c)。由于此时误差信号 U_{err} 有偏差值，神经网络就不断地修改连接权值使误差信号减小，因此神经网络的输出信号 U_n 迅速减小(图 9-18a)。当神经网络控制器将切削力控制在设定值时，误差信号 U_{err} 减小为 0，刀具又以恒定的进给速度加工。当背吃刀量从 1.5mm 到 3.0mm 突变时，也会产生相似的响应现象。

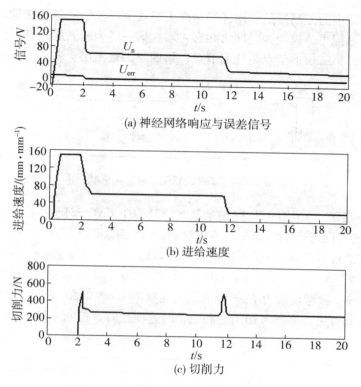

(a) 神经网络响应与误差信号

(b) 进给速度

(c) 切削力

图 9-18 车削加工过程的神经网络控制结果

9.4.2 加工过程的模糊神经网络控制

各种智能方法都具有自身明显的优势和特点，但存在一定的局限性，因此各种方法之间如何取长补短、优势互补、相互有机结合以解决复杂的、高度非线性和不确定性的控制问题就成为当今智能控制的研究热点之一，集成智能控制被人们普遍认为是智能控制的主要发展方向之一。在众多的集成智能控制中，神经网络与模糊控制相互融合尤其引人注目，图 9-19 所示为 Yeh 等人提出和实现的车削加工过程的模糊神经网络控制系统。

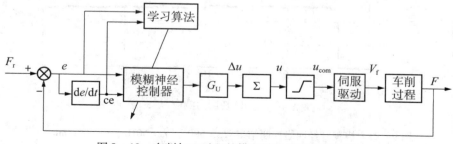

图 9-19 车削加工过程的模糊神经网络控制系统

图 9 - 19 中的控制器是利用神经网络去等效模糊控制的各种功能块，使控制系统具有学习能力。模糊神经网络共有 4 层：第一层为输入层；第二层的节点充当隶属函数；第三层的节点为规则节点；第四层为输出层。

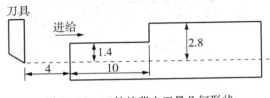

图 9 - 20　工件的背吃刀量几何形状

实验是在带 FANUC-0TF 控制装置的 FMC-0T CNC 车削中心上进行，对图 9 - 20 所示的工件进行车削加工，工件材料为 25 钢。用 KISTLER 9121 测力仪测量切削力，通过 DT2828 数据采集板来采样数据。当主轴转速 $n = 600 \text{r/min}$，参考切削力 $F_r = 500\text{N}$，采样频率 $\omega = 50\text{Hz}$，得到如图 9 - 21 所示的结果。当主轴转速 $n = 1000\text{r/min}$，参考切削力 $F_r = 350\text{N}$，采样频率 $\omega = 50\text{Hz}$，得到如图 9 - 22 所示的结果。由此可见，当参考切削力和主轴转速变化时，控制系统的响应性能仍然良好。

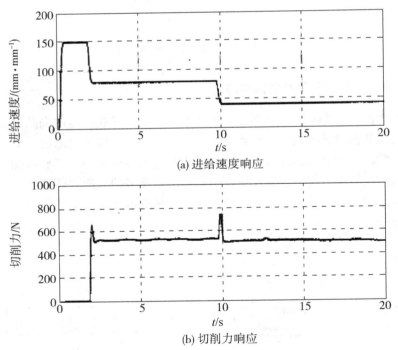

(a) 进给速度响应

(b) 切削力响应

图 9 - 21　模糊神经网络控制结果（$F_r = 500\text{N}$、$\omega = 50\text{Hz}$、$n = 600\text{r/min}$）

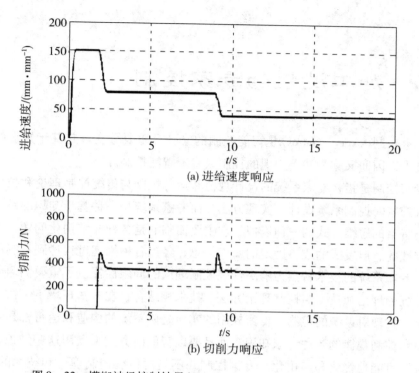

(a) 进给速度响应

(b) 切削力响应

图 9 - 22　模糊神经控制结果($F_r = 350\text{N}$、$\omega = 50\text{Hz}$、$n = 1000\text{r/min}$)

10 加工过程的专家控制

专家控制(expert control)是智能控制的又一个重要分支。它基于知识的智能控制技术,因而又称为基于知识的控制或专家智能控制。

专家控制是指将专家系统的设计规范和运行机制与传统控制理论和技术相结合而成的实时控制系统设计、实现方法。而专家系统是一种基于知识的系统,是对人类特有的思维方式的一种模拟。它主要面临的是各种非结构化问题,尤其是处理定性的、启发式的或不确定的知识信息,经过各种推理过程达到系统的任务目标。专家系统的技术特点为解决传统控制理论的局限性提供了重要的启示。将专家系统的理论和技术与控制理论方法与技术相结合,在未知环境下,仿效专家的智能,实现对系统的控制。专家控制的实质是使系统的构造和运行都是基于控制对象和控制规律的各种专家知识,而且要以智能的方式来利用这些知识,使受控系统尽可能地优化和实用化。专家控制并不是对传统控制理论和技术的排斥、替代,而是对它的包容和发展。专家控制不仅可以提高常规控制系统的控制品质,拓宽系统的作用范围,增加系统功能,而且可以对传统控制方法难以奏效的复杂过程实现闭环控制。

专家系统技术与常规控制技术的结合可以非常紧密,二者共同作用方能完成优化控制规律,适应环境变化的功能;专家系统的技术也可以用来管理、组织若干常规控制器,为设计人员或操作人员提供辅助决策作用。

基于模糊规则的控制也可以与专家系统技术相结合,形成所谓专家式模糊控制,例如,利用一个专家控制器根据系统动态特性知识去修改模糊控制表的参数等。

10.1 专家控制简述

专家控制根据专家系统技术在控制系统中应用的复杂程度,可以分为专家控制系统和专家控制器。专家控制系统具有全面的专家系统结构、完善的知识处理功能,同时又具有实时控制的可靠性能。这种系统知识库庞大、推理机复杂,还包括知识获取子系统和学习子系统，对人机接口要求较高。而专家控制器是专家控制系统的简化，针对具体的控制对象或过程，专注于启发式控制知识的开发，设计较小的知识库、简单的推理机制，省去复杂的人机对话接口等。当专家控制系统功能的完备性、结构的复杂性与工业过程控制的实时性之间存在矛盾时，专家式控制器是合适的选择，但它与专家控制系统在基本功能上是没有本质的区别的。

专家控制器是以知识库为核心，配以特征信息、识别处理、推理机和控制规则集等功能模块构造而成的。它的知识库由数据库和学习适应器组成，用于存放有关工业生产过程的领域知识。推理机用于记忆所采用的规则、控制策略和推理策略，并根据知识库提供的信息，使整个控制器以逻辑方式的启发式协调地工作，进行推理，做出决策，寻求满意的控制效果。

专家控制器在结构上又可分为直接式和间接式，其基本结构如图 10-1 所示。直接式的专家控制器用于直接控制生产过程或被控对象的调节，取代常规的控制器或调节器，维持工艺过程参数的稳定、实现程序或逻辑控制，跟踪或伺服控制。直接式的专家控制器的任务功能相对简单，需要在线、实时控制。其知识表达和知识库较简单，通常由几十条产生式规则组成，便于增删和修改。其推理及控制策略也简化，可采用直接模式匹配方法，以提高推理速度和效率。间接式的专家控制器用于和常规的控制器或调节器相结合，组成对生产过程或被控对象进行间接控制的智能控制系统。由于与一般控制理论知识和经验相结合，扩展了传统控制的应用范围，更能体现专家控制原理的本质。

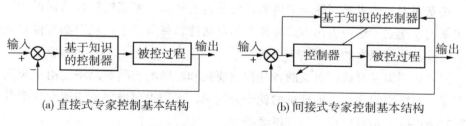

(a) 直接式专家控制基本结构　　　　(b) 间接式专家控制基本结构

图 10-1　专家控制器基本结构

图 10-2 为一种工业专家控制器的框图。图中的专家控制器由知识库（KB）、控制规则集（CRS）、推理机（IE）和特征识别与信息处理（FR & IP）四部分组成。

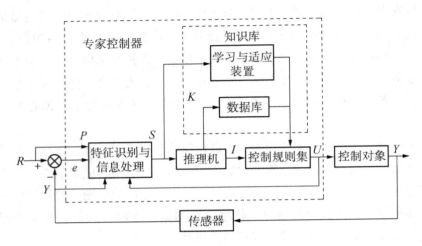

图 10 - 2 专家控制器的一种结构

知识库用于存放工业过程控制的领域知识，由经验数据库(DB)和学习与适应装置(LA)组成。经验数据库主要存储经验和事实集；学习与适应装置的功能是根据在线获取的信息，补充或修改知识库内容，改进系统性能，以提高问题求解能力。事实集主要包括控制对象的有关知识，如结构、类型、特征等，还包括控制规则的自适应及参数自调整方面的规则。

经验数据包括控制对象的参数变化范围，控制参数的调整范围及其限幅值，传感器的静态、动态特性参数及阈值，控制系统的性能指标或有关的经验公式等。

建立知识库的主要问题是如何表达已获得的知识。专家控制器的知识库用产生式规则来建立，这种表达方式有较高的灵活性，每条产生式规则都可独立地增删、修改，使知识库的内容便于更新。

控制规则集是对被控对象的各种控制模式和经验的归纳和总结。由于规则条数不多，搜索空间很小，推理机构就十分简单，采用正向推理方法逐次判别各种规则的条件，满足则执行，否则继续搜索。

特征识别与信息处理模块的作用是实现对信息的提取与加工，为控制决策和学习适应提供依据。它主要抽取动态过程的特征信息，识别系统的特征状态，并对特征信息做必要的加工。

在图 10 - 2 中，$P = (R, e, Y, U)$ 为专家控制器的输入集，I 为推理机构输出集，K 为经验知识集，S 为特征信息输出集。专家控制器的模型可表示为：

$$U = f(P, K, I),$$

式中，U 为专家控制器的输出集；f 为智能算子。

传统控制理论和技术的成就与特长在于它针对精确描述的解析模型进行精确的数值求解，即它的着眼点主要限于设计和实现控制系统的各种核心算法。例如，经典的 PID 控制，其控制作用的大小取决于误差的比例项、积分项和微分项。比例系数 K_p、积分系数 K_i、微分系数 K_d 的选择取决于受控对象或过程的动态特性。适当地整定 PID 的 3 个系数，可以获得比较满意的控制效果，即使系统具有合适的稳定性、静态误差和动态特性。应该指出，PID 的控制效果实际上是比例、积分、微分 3 种控制作用的折中。

PID 控制器在工业过程控制中得到广泛应用。但是，要使 PID 控制系统运行良好，还要考虑其他一些问题，如参数变化引起的瞬变过程，非线性执行机构的影响，积分项的累积效应，控制量幅值限制以及自动操作与人工操作的平滑切换等问题。因此，运行于工业过程控制的 PID 控制器，除了采用传统的 PID 控制算法外，还应包括考虑上述问题的启发式逻辑的控制部分。

采用自校正调节器，似乎可以解决上述问题。在传统的自校正调节器中，首先根据经验猜测一个较合理的系统阶次、采样周期和一组初始参数值，提供给系统；然后系统在运行过程中，自校正算法自动地调整调节器参数，使闭环系统具有较好的性能。但是，如果先验猜测的参数值稍差一些，或系统参数变化稍快一些，控制系统就有可能无法正常运行；如果采样周期太短，大部分传统的自适应算法都会失效。因此，传统的自适应调节器都只能在有限的范围内运行，才能得到较满意的控制效果，一旦超出这个范围就可能导致闭环系统不稳定。为了使自适应控制系统很好地运行，同样需要相当数量的启发式逻辑。这些启发式逻辑可以用专家系统实现。专家系统与传统的自适应算法相结合可以获得更好的控制性能。

间接专家控制系统使用越来越广泛，结构形式也越来越多，专家整定的 PID 控制系统就是其中的一种结构形式。在专家整定 PID 控制系统中，PID 参数的整定工作由专家系统实现，控制信号仍然由 PID 控制器给出，专家系统只是间接地影响控制过程。专家系统拥有整定专家的知识（调试规程），它可以根据控制过程提供的实时信息自动地在线整定 PID 参数，改善控制性能。专家整定 PID 控制系统尤其适合于对象特性易于变化的情况。专家系统可以在线跟踪控制过程，当发现系统控制性能变化时，及时调整 PID 控制参数，使控制系统始终运行在最佳状态。单回路专家整定 PID 控制系统结构如图 10 - 3 所示。

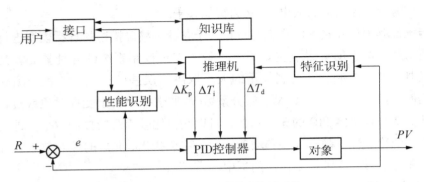

图 10 - 3　专家整定 PID 控制系统

　　除了上述专家整定的 PID 控制外，还有基于模糊整定的 PID 控制、基于神经网络整定的 PID 控制、基于遗传算法整定的 PID 控制等，这些新型的 PID 参数整定方法引起了人们的关注和兴趣，并在实际生产中得到应用。

10. 2　基于知识的加工过程控制示例

　　下面给出两个例子，一个例子是有关加工过程的专家控制的仿真，另一个是实际切削加工的专家控制实验。

10. 2. 1　仿真示例

　　这个仿真例子是由 Bang-Bang 控制、模糊控制（FLC）与 PID 组成的多模态专家控制，如图 10 - 4 所示。专家控制系统根据误差 e 及误差变化 Δe 以及由它们相应的组合的特征变量来作出模态的识别和切换。

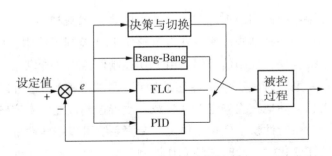

图 10 - 4　多模态专家控制

　　当 $|e(k)| > M_H$ 时，说明误差的绝对值已经很大。采用 Bang-Bang 控制，此时控制器输出应按最大（或最小）输出，以迅速调整误差，使误差绝对值以最大

速度减小。当 $M_L \leqslant |e(k)| \leqslant M_H$ 时，采用模糊控制。常规的二维模糊控制器可以看作是一个非线性的 PD 控制器，可以实现暂态过程时的快速性和稳定性，具有较强的鲁棒性，但存在着稳态误差。当 $|e(k)| \leqslant M_L$ 时，采用 PID 控制器进行细节调整。在 PID 控制中，由于积分的作用，稳态误差易于控制。FLC 与 PID 控制器的结合，优势互补，并且算法简单，实时性较好且响应快，能有效消除稳态误差。

综上所述，可得出下面的产生式控制规则：

Rule 1　IF $e(k) > M_H$　THEN $u(k) = u_{max}$

Rule 2　IF $e(k) < M_H$　THEN $u(k) = u_{min}$

Rule 3　IF abs$(e(k)) < \varepsilon$ AND abs$(de(k)) < \varepsilon$ THEN $u(k) = u(k-1)$

Rule 4　IF $M_L < $ abs$(e(k)) <= M_H$ or $M_L < $ abs$(de(k)) <= M_H$　THEN $u(k) = f(\text{FLC})$

Rule 5　ELSE $u(k) = f(\text{PID})$

规则中，u_{max} 为最大允许输出信号；u_{min} 为最小允许输出信号；ε 是任意小的正实数；M_H、M_L 分别表示误差界限，$M_H > M_L > \varepsilon > 0$；$f(\text{FLC})$ 和 $f(\text{PID})$ 分别是 FLC 和 PID 控制的输出值，两者都采用增量式算法，以便实现两者的平滑切换。当误差及其变化率在允许的 ε 范围时，就保持前一时刻的输出值，以防误差在所要求范围内时还频繁地调节系统。

例 10-1　加工过程模型为图 2-3 所示的模型 2，按前述的规则和图 10-4 进行多模态专家控制，参考切削力为 $F_r = 550\text{N}$。

模糊推理系统选用 8.2 节所作的 FC. fis。M_H、M_L 分别取设定值 F_r 的 50% 和 10%。$u_{max} = 5\text{V}$；$u_{min} = 0$；$\varepsilon = 10^{-3}$。仿真结果如图 10-5 所示，其中前 20s 为模型 G_1、中间 20s 为模型 G_2、最后 20s 为模型 G_3。仿真程序如下：

```
% exa10_1. m
clear all
u_1 = 0. 0;  u_2 = 0. 0;
F_1 = 0;  F_2 = 0;
e = 0;  e_1 = 0;  e_2 = 0;
Fr = 550;  T = 0. 05;
MH = 0. 5 * Fr;  ML = 0. 1 * Fr;
umax = 5;  umin = 0;
epsilon = e - 3;
kp = 0. 1;  ki = 0. 01;  kd = 0. 15;
KE = 6/MH;  KCE = 6/MH;  Ku = 0. 1;
b1(1:400) = 1. 3907;  b0(1:400) = 1. 3257;          % G1
a1(1:400) = - 1. 8218;  a0(1:400) = 0. 8409;
```

```
b1(400:800) = 0.8346;  b0(400:800) = 0.8363;              % G2
a1(400:800) = -1.9642;  a0(400:800) = 0.9773;
b1(800:1200) = 3.0861;  b0(800:1200) = 2.8242;            % G3
a1(800:1200) = -1.7461;  a0(800:1200) = 0.7655;
FLC = readfis('FC');

for k = 1:1200
    F(k) = -a1(k) * F_1 - a0(k) * F_2 + b1(k) * u_1 + b0(k) * u_2;
    e = Fr - F(k);
    de = e - e_1;
    de_D = e - 2 * e_1 + e_2;

    % Expert control rules
    if e > MH, u(k) = umax;                                % Rule1
    elseif e < - MH, u(k) = umin;                          % Rule2
    elseif ( abs(e) < epsilon) &( abs(de) < epsilon)       % Rule3
        u(k) = u_1;
    elseif abs(e) > ML | abs(de) > ML                      % Rule4
        U = evalfis([ e * KE, de * KCE], FLC);
        u(k) = u_1 + Ku * U;
    else
        u(k) = u_1 + kp * de + ki * e + kd * de_D;          % Rule5
    end

    if u(k) > = 5, u(k) = 5;  end
    if u(k) < = 0, u(k) = 0;  end

    u_2 = u_1; u_1 = u(k);
    F_2 = F_1; F_1 = F(k);
    e_2 = e_1; e_1 = e;
end

t = (1:1200) * T;
subplot(2, 1, 1)
plot(t, Fr, 'g', t, F, 'b');
xlabel('{ \ itt} /s'), ylabel('{ \ itF} /N');
subplot(2, 1, 2), plot(t, u);
xlabel('{ \ itt} /s'), ylabel('{ \ itu} /V');
```

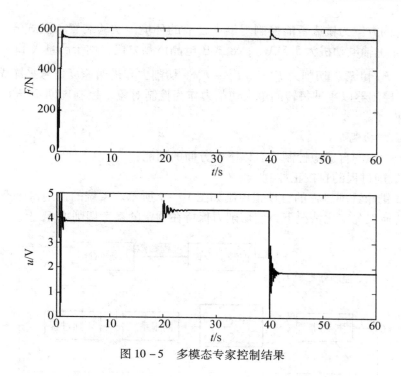

图 10 - 5   多模态专家控制结果

10. 2. 2   实验示例

Lingarkar 等人提出的基于知识的加工过程自适应控制如图 10 – 6 所示。在该系统中，用框架(frame)来表示知识，用逻辑规则来实现推理。这种将框架与规

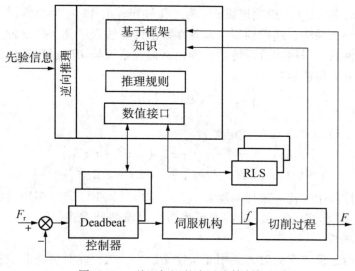

图 10 – 6   基于知识的自适应控制框图

则相结合的方案为铣床智能控制提供了合适的环境。实验装置：立式铣床（型号 TOSFA4，主轴电动机为 5.5kW）；台式压电晶体测力仪，用于测量 X 和 Y 向的平面切削力 F_x 和 F_y，切削力 $F = \sqrt{F_x^2 + F_y^2}$。切削力和进给速度信号采样周期 $T = 0.005\text{s}$，控制器以主轴每转的最大切削力作为控制对象，控制周期 $T_c = 1/n$（n 为主轴转速）。

1. 系统功能

基于知识的自适应控制具有以下 3 方面的功能：

1）铣削过程的自校正控制

CNC 铣床铣削过程的自校正控制如图 10 - 7 所示。系统的控制目标是在背吃刀量和其他工况变化情况下，使切削力保持在预定的参考切削力 F_r 上。

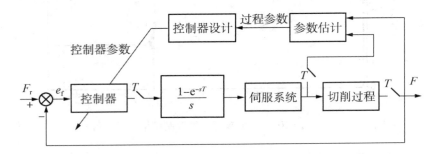

图 10 - 7　CNC 铣床铣削过程的自校正控制

假设进给速度与切削力可用一阶线性模型来表示：

$$F(k) = b_1 f(k-1) + a_1 F(k-1) + v(k), \tag{10 - 1}$$

式中，F 为切削力；f 为进给速度；v 为过程噪声；a_1 和 b_1 为切削过程参数，可用如递归最小二乘法、递归预测误差等参数估计算法来估算。假设伺服系统的参数为已知的常数，采用零阶保持器，则包括伺服系统与切削过程在内的动态过程可用以下差分方程表示：

$$F(z^{-1}) = \frac{R(z^{-1})}{L(z^{-1})} U(z^{-1}), \tag{10 - 2}$$

式中，$R(z^{-1})$ 和 $L(z^{-1})$ 多项式定义为：

$$R(z^{-1}) = r_1 z^{-1} + r_2 z^{-2} + r_3 z^{-3} + r_4 z^{-4}, \tag{10 - 3}$$

$$L(z^{-1}) = l_1 z^{-1} + l_2 z^{-2} + l_3 z^{-3} + l_4 z^{-4}。 \tag{10 - 4}$$

在实时控制中，每一采样间隔都会更新 $R(z^{-1})$ 和 $L(z^{-1})$ 多项式的系数，这可将式（10-3）和式（10-4）系数表示为切削力模型公式式（10-1）的参数 a_1 和 b_1 的函数而求得。

但当进给速度非常低时，要用非线性切削力公式，此时可将非线性切削力表示成 Hammerstein 模型形式，由线性部分

$$F(z^{-1}) = \frac{B^*(z^{-1})}{A(z^{-1})}X^*(z) \qquad (10-5)$$

和非线性部分

$$X^*(k) = b_1^* f(k) + b_2^* f^2(k) + b_3^* f^3(k) \qquad (10-6)$$

组成。式中，$B^*(z^{-1}) = b_1 z^{-1}$；$A(z^{-1}) = 1 - a_1 z^{-1}$；$b_1^* = G_1 - 2G_2 + 3G_3\varepsilon$；$b_2^* = G_2 - 3G_3\varepsilon$；$b_3^* = G_3\varepsilon$；$G_1 = m$；$G_2 = m(m-1)/2!$；$G_3 = m(m-1)(m-2)/3!$。其中 a_1 和 b_1 为式（10-1）中的系数，ε 为误差项。非线性切削过程控制如图 10-8 所示。

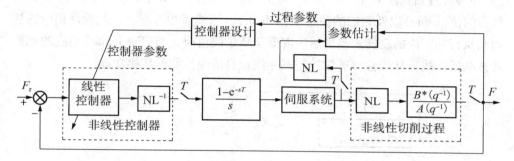

图 10-8　铣削过程的非线性自校正控制

2）参数估计算法的监控

（1）切削力信号的滤波。参数估计算法的遗忘因子取值由非自适应切削试验数据离线 RLS 算法仿真获得。在金属切削过程中存在噪声的条件下，必须对切削力 F 作平滑处理以获得较好的 a_1 和 b_1 参数估计值，这可通过滑动平均算法来实现。

（2）参数估计器的重置。用 RLS 法进行参数估计，$k=0$ 初始时刻，将协方差矩阵 $P(k)$ 设置为 $P(0) = cI(c \gg 0)$。在铣削加工应用中，选用 $c=1000$ 就足够了。切削加工时，要求自适应系统必须能对切削力的突然增加作出相当快的响应。每当背吃刀量发生突变而危及刀具安全时，就将 $P(k)$ 矩阵置为其初始值 $P(0)$，从而大大地减少对 F 突然增加所需的响应时间。这可通过检测 $|F(k) - F(k-1)|$ 的值是否超过预置的阈值来识别。

（3）a_1 和 b_1 参数值的监控。为了确保在整个操作范围内都能获得较好的控制性能，必须对参数估计进行监控。例如，当系统的输入和输出没有显著变化时，过程参数估计可能会发散，因此当参数估计值达到真值时，就断开参数估计器。这可通过检测切削力的估计值是否等于测量值来识别。此外，a_1 和 b_1 参数值必须是正的，在瞬变过渡阶段出现不符合要求的数值时，就作舍去处理。

3）控制性能的监控

在较低进给速度下进行实时加工试验时，切削力响应出现较大的振荡现象。当用非线性控制器时，控制性能得到显著改善，因此当进给速度小于一定的阈值时，就采用非线性控制器。阈值大小可通过切削实验来确定。

2. 知识表示

采用框架来表示控制系统的知识，其中的一个实例如图 10 - 9 所示。框架名为"CC-Variables"，其父框架名为"Root-Frame"，该框架包括两个槽，即"Feedrate（进给速度）"和"C-Force（切削力）"。这两个槽分别装入进给速度和切削力的值（value）以及它们的缺省值（default）。当槽值相匹配时，就激发相应的规则和执行相对应的功能。当进给速度低于预定阈值时，与"Feederate"相应的规则就被激活，执行从线性自适应控制到非线性自适应控制的切换功能。

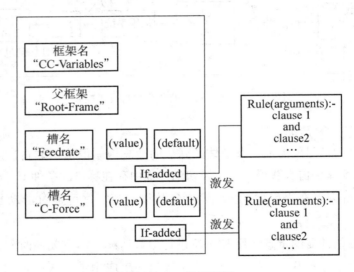

图 10 - 9　框架实例

用框架来表示知识时，必须注意框架之间的连接方式。图 10 - 10 所示为框架之间的连接方式，框架是以层次结构方式排列的。一般将下层共同属性值置于上层的框架槽，这种层次结构的框架具有继承性，允许信息在框架之间共享，即下层框架可以继承上层框架的属性，子框架继承父框架的属性。图 10 - 10 中，"Root-Frame"是"CC-Variables"的父框架。"Root-Frame"装入诸如 Machine constants（机器常数）和 Sampling interval（采样间隔）之类的共性槽值。"Controller"和"Estimator"框架通过与父框架"CC-Variables"的"姐妹"关系而关联起来，与下层框架则通过"subset"或"isa"关联，如"PID"是"Controller"（控制器）的一种，"RLS"（递归最小二乘法）是"Estimator"（估计器）的一种。

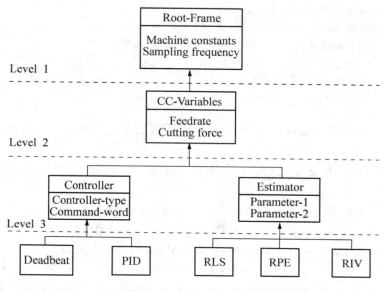

图 10 − 10　框架的层次结构

用 Prolog 语言来表示知识和推理。检索槽值时，要给出框架名和槽名，其步骤如下：用给定槽名和框架搜索槽值，如果找不到，就搜索父框架，必要时继续向上层框架搜索，直到找到槽值或到达根框架为止。将槽值存到框架与检索槽值的过程相类似，不同的是，如果槽附带谓词，就先执行谓词。

3. 推理过程

完成知识表达后，就应选用合适的推理方法。在大多数应用场合，一般要提供能进行数值算法和符号处理的环境，为此用 Prolog 实现符号处理，而用 C 语言来实现数值算法。此时要提供调用接口，Prolog 调用 C 函数语句格式如下：

C_function_name(Arg1，Arg2，…，Argn)

其中，C_function_name 是用 C 编写的接口函数名；Arg1，Arg2，…，Argn 是接口函数的参数。

现在，引用一个用 Prolog 编写的获取切削过程输入与输出的规则例子：

```
cutting_processIO: −
        C-getfeedrate( F) ,
        NewSlotValue( cc_variables, federate, F) ,
        C-getcuttingforce( C) ,
        NewSlotValue( cc_variables, c_force, C) .
```

这条规则调用了用 C 子程序来取得切削过程的进给速度和切削力。当将进给速度(feedrate)储存在"CC-Variables"槽时，就执行下面的相关谓词：

```
if_added( cc_variables, federate, F) : –
        F <= LOWER_LIMIT, ! ,
        NewSlotValue( controller, controller_type, non_linear).
if_added( cc_variables, federate, F) : –
        F > LOWER_LIMIT, ! ,
        NewSlotValue( controller, controller_type, linear).
```

当进给速度低于或高于"LOWER_LIMIT"时，上述谓词就在线性和非线性控制之间进行切换。

下面以 RLS 方法为例介绍 a_1 和 b_1 参数的估计。过程用回归模型表示为：

$$y(t) = \boldsymbol{\theta}^{\mathrm{T}}\boldsymbol{\psi}(t), \tag{10-7}$$

式中，$y(t)$ 为对象的输出；$\boldsymbol{\theta}$ 为未知参数向量；$\boldsymbol{\psi}(t)$ 为系统的状态；可由公式

$$\hat{\boldsymbol{\theta}}(t) = \hat{\boldsymbol{\theta}}(t-1) + \boldsymbol{K}(t)(y(t) - \boldsymbol{\psi}^{\mathrm{T}}(t)\hat{\boldsymbol{\theta}}(t-1)), \tag{10-8}$$

$$\boldsymbol{K}(t) = \boldsymbol{P}(t-1)\boldsymbol{\psi}(t)(\boldsymbol{I} + \boldsymbol{\psi}^{\mathrm{T}}(t)\boldsymbol{P}(t-1)\boldsymbol{\psi}(t))^{-1}, \tag{10-9}$$

$$\boldsymbol{P}(t) = (\boldsymbol{I} - \boldsymbol{K}(t)\boldsymbol{\psi}^{\mathrm{T}}(t))\boldsymbol{P}(t-1) \tag{10-10}$$

求得，式中，$\hat{\boldsymbol{\theta}}$ 是未知参数的估计；$\boldsymbol{K}(t)$ 是增益矩阵；$\boldsymbol{I}$ 是单位矩阵；$\boldsymbol{P}(t)$ 是协方差矩阵。参数估计规则用 Prolog 语言可写成：

```
estimate_a1_b1( _) : –
        get_slot_value( estimator, desired_force, Df),
        get_slot_value( estimator, c_force, Cf),
        Cf > Df – TOL,
        Cf < Df – TOL. ! .
estimate_a1_b1( Est_type) : –
        Est_type = rls, ! ,
        get_slot_value( rls, c_matrix, P),
        get_slot_value( rls, gain, K),
        get_slot_value( rls, estimate, THETA),
        C-rls( P, K, THETA, N_ THETA),
        NewSlotValue( N_ THETA).
```

上述的第一条规则表明当切削力的测量值接近预定值时，断开估计器。第二条规则是用递归最小二乘法来估计参数值。

自校正控制器也可以表示为以下规则：

```
Adaptive_controller( Est_type) : –
        Repeat,
        Cutting_processIO,
        Estimate_a1_b1( Est_type),
        Cal_command_word,
        Send_ command_word.
```

当运行该规则时，就能确定切削过程的输入和输出；用所需的估计器来估计参数 a_1 和 b_1 值；修改由 a_1 和 b_1 组成的控制器公式的分子和分母系数；并将要发送到伺服机构的指令字(command word)储存在特定的内存位置。这样的过程不断地重复，每一个 T_c 间隔就调用中断服务子程序，将指令字储存于内存，并发送到伺服机构以调整进给速度。

4. 实验结果

工件轴向背吃刀量变化如图 10 - 11 所示。用传统(参数不变的)PID 控制器对 $d_1 = 2.5\text{mm}$ 和 $d_2 = 10\text{mm}$ 的工件仿真结果如图 10 - 12 所示。控制规律为：

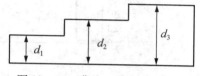

图 10 - 11　背吃刀量变化示意图

$$u(t) = \int (K_{ac}e_f + \beta de_f/dt)\,dt, \qquad (10 - 11)$$

式中，K_{ac} 为 PID 算法的增益；$u(t)$ 为进给速度信号；β 为常数；$e_f = (F_r - F)/F$。

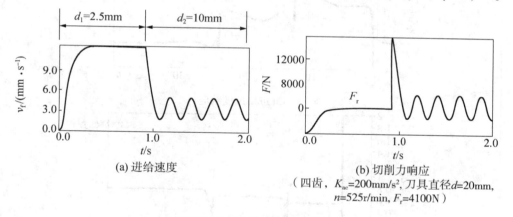

(a) 进给速度　　　　　　　　　(b) 切削力响应

（四齿，$K_{ac}=200\text{mm/s}^2$，刀具直径 $d=20\text{mm}$，
$n=525\text{r/min}$，$F_r=4100\text{N}$）

图 10 - 12　传统 PID 控制结果

图 10 - 12 表明，在 $d_1 = 2.5\text{mm}$ 的第一阶段切削，控制系统是稳定的，而在 $d_2 = 10\text{mm}$ 的第二阶段切削，系统不稳定。很明显，可减小 K_{ac} 值使系统变得稳定，但这样做会降低系统的响应速度。

用前述的自适应控制对如图 10 - 11 所示的工件进行实时加工控制，所得的典型结果如图 10 - 13 所示。主轴速度设为 725r/min，其余切削条件如图 10 - 13 所示。图 10 - 13a 和图 10 - 13b 分别是切削力和进给速度的响应曲线，表明系统能较好地把切削力保持在预设的切削力 F_r 上。图 10 - 13c 和图 10 - 13d 分别是参数 a_1 和 b_1 的估计值随时间变化的情况。除了背吃刀量变化的瞬间外，其余时间的参数估计值是平稳的，这是由于切削力测量值接近预设值时断开估计器的缘故。

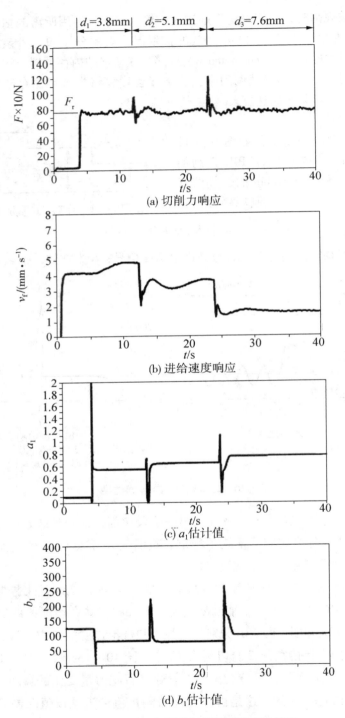

(a) 切削力响应

(b) 进给速度响应

(c) a_1估计值

(d) b_1估计值

图 10 – 13　基于知识的智能控制的实验结果

11 加工过程的混合控制

自动控制从经典控制、现代控制发展到智能控制阶段，既面临严峻挑战，又存在良好发展机遇。在加工过程的自动控制研究中，几乎所有的控制方法都在加工过程做过应用的尝试。正如前面章节所述，各种控制算法有其优缺点和适用范围，如果能够取长补短，综合集成，则必然形成优势互补的混合控制器。为此，本章基于优势互补的集成理念，将不同的控制技术有机结合起来，克服单一控制技术的不足，形成功能更完善、更强大的混合控制系统。

11.1 PD + 智能补偿的混合控制

任何控制器必须保证闭环系统的稳定性和所需的性能指标。任何负反馈控制系统都具有一定意义上的"自适应性"，可克服系统中所包含的不确定性。在常规 PID 控制中，特别是在单纯比例控制中，将比例系数设定为系统临界稳定增益的一半左右(参见第 5 章稳定边界法)，从而兼顾稳定性和响应性。然而，当受到足够大的参数变化或未预料到的干扰时，这样的负反馈系统可能无法正常响应或变得不稳定。对于如此大的参数变化，一个直观的解决方案是使反馈控制器的增益随被控对象的变化而变化。这就产生了增益调整自适应控制(variable gain adaptive control，VGAC)。更为常用的两类自适应控制分别是模型自适应控制(model reference adaptive control，MRAC)和自调整控制(self tuning control，STC)，如图 11 - 1a,b 所示。这些自适应控制器通常包含一个内环和一个外环。内环由反馈回路和被控对象组成，以常规的反馈方式作用于被控对象。外环由性能评价或参数递推估计以及调整机构组成，用于调节内环控制器参数。

自适应控制有助于提高系统的稳定性和响应能力。它实时地改变控制算法系数，以补偿环境或系统本身的变化。一般来说，自适应控制器会定期监控过程行为，然后修改控制算法，以使控制器具有鲁棒性，使整个系统的性能对模型辨识误差和外部环境变化尽可能不敏感。自适应控制不同于鲁棒控制，因为它不需要这些不确定或时变参数的边界先验信息。

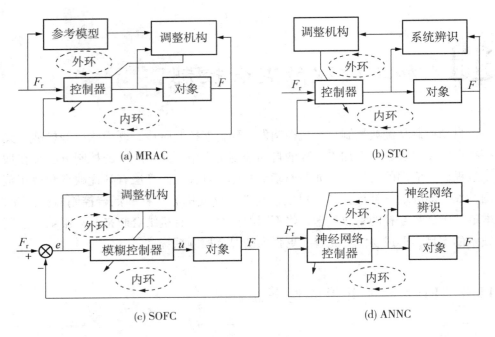

(a) MRAC

(b) STC

(c) SOFC

(d) ANNC

图 11 - 1　自适应控制方案

　　鲁棒控制是在控制器设计时就明确地处理了不确定性问题，只要不确定参数或扰动在指定范围内，就可以正常工作，其目的为在有界建模误差的情况下实现鲁棒性能。与传统的自适应控制类似，如图 11 - 1c,d 所示的自组织模糊控制（self-organizing fuzzy control，SOFC）和自适应神经网络控制（adaptive NN control，ANNC），具有在线自适应调节机制。

　　这里引入如图 11 - 2 所示的反馈误差学习（feedback error learning，FEL）控制方案。它由传统的反馈控制器和作为自适应非线性控制器的神经网络组成。神经网络作为前向控制器或反馈控制器，利用状态反馈控制器的输出进行训练。与图 11 - 1c 所示的自适应神经网络控制器相比，这种 FEL 不需要神经网络来识别受控对象。

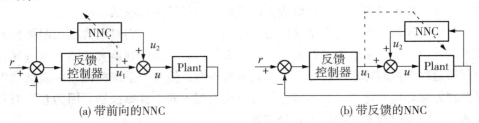

(a) 带前向的NNC

(b) 带反馈的NNC

图 11 - 2　FEL 控制方案

对于单入单出控制系统，被控对象输入 u 由线性反馈控制器输出 u_1 和 NNC 输出 u_2 之和组成，即

$$u = u_1 + u_2。 \tag{11-1}$$

考虑控制算法

$$u_1 = Ke, \tag{11-2}$$

式中，$e = [e, e', \cdots, e^{(n)}]^T$ 是误差向量，$e^{(n)}$ 代表误差对时间的 n 阶导数；$K = [K_1, K_2, \cdots, K_n]$ 是反馈增益行向量，且满足 $s^n + \sum_{i=1}^{n} K_n s^{i-1} = 0$，使得系统所有根都落入复平面的左半部分。

一个非线性或不确定的系统 G，可以用线性化模型或公称模型 $\overline{G}$ 和不确定或非线性模型部分 ΔG 表示，即有

$$G = \overline{G} + \Delta G, \tag{11-3}$$

因此，我们可以利用线性化模型或公称模型 $\overline{G}$ 作为先验信息来设计线性固定增益反馈控制器，并利用神经网络来补偿系统的不确定性/非线性 ΔG。对于非线性/不确定性加工过程来说，得到如图 11-3a,b 所示的由 PD 控制器和 FLC(fuzzy logic controller)/RBFNNC(radical basic function neural network controller)组成的控制方案。

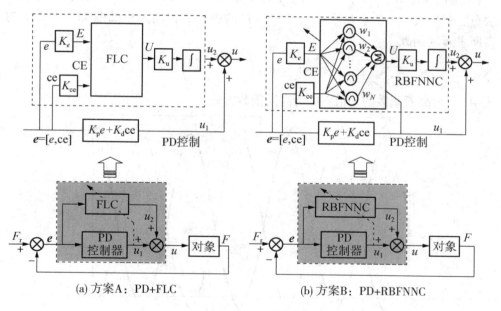

图 11-3 控制方案

针对于线性化模型或公称模型而设计的 PD，尽管在特定的模型不确定性范围下具有鲁棒性，但由于对象参数变化、噪声或其他类型的干扰而表现不佳。由

于 PD 控制器不能充分考虑非线性动态问题，因此采用模糊控制器 FLC 或神经网络 RBFNNC 来修正 PD 控制器，补偿加工过程中的时变行为或系统不确定性。

例 11 - 1 加工过程如第 2 章的模型 1，其中 $n = 600$ r/min，$K_n = 1$，$K_e = 1$，$K_s = 2500$ N/mm²，$\omega_n = 20$ rad/s，$\zeta = 0.5$，$p = 1$，$m = 0.7$，$F_r = 1000$ N，a 在 $1 \sim 3$ mm 之间按 1 mm 变化量增加或减少，此时得到如图 11 - 4 所示方案 A (Scheme A)控制图。

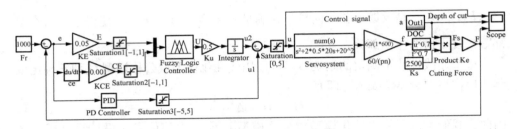

图 11 - 4　方案 A 控制图

假设 E、CE 和 U 被限制在 $[-1,1]$ 之内，即如果它们小于 -1，则设置为 -1；如果它们大于 1，则设置为 1。假设输入和输出(即 E、CE 和 U 模糊变量)均采用 7 个模糊子集(NL，NM，NS，ZE，PS，PM，PL)，N、P、L、M、S 和 Z 分别代表负、正、大、中、小和零。E、CE 和 U 的模糊子集均采用如图 11 - 5 所示的高斯隶属度函数：

$$\varphi(x) = \exp\left(-\frac{\|x - c\|}{2\sigma^2}\right), \tag{11-4}$$

式中，c 为高斯函数的均值；σ 为高斯函数方差。

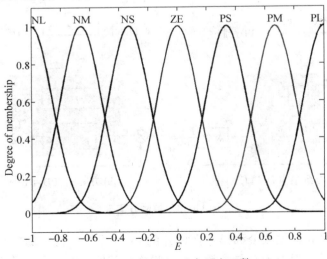

图 11 - 5　E(CE/U)隶属度函数

采用如表 8-1 所示的模糊逻辑控制规则表,通过模糊推理,即得到输出 U。模糊控制器的输出计算如下:

$$u_2(k) = u_2(k-1) + \Delta u_2,$$
$$\Delta u_2 = K_u U(k), \qquad (11-5)$$

式中,K_u 是输出比例因子。

这里采用 Sugeno 或 Takagi-Sugeno 模糊推理方法,即

If Input x_1 is A_i and Input x_2 is B_i then Output $z_i = f(\boldsymbol{x}) = a_i x_1 + b_i x_2 + c_i$

其中,$\boldsymbol{x} = [x_1, \ x_2]^{\mathrm{T}}$ 是输入向量,x_1 代表输入 E,x_2 代表输入 CE。对于零阶 Sugeno 模型,$a_i = b_i = 0$,$z_i = c_i$,此时可得:

$$\mu_i(\boldsymbol{x}) = \mu_{A_i}(x_1)\mu_{B_i}(x_2) = \exp\left(-\frac{\|x_1 - c_{A_i}\|}{2\sigma^2}\right)\exp\left(-\frac{\|x_2 - c_{B_i}\|}{2\sigma^2}\right), \qquad (11-6)$$

式中,c_{A_i} 和 c_{B_i} 是高斯隶属函数的中心。

如果选择每个规则输出的加权和作为输出,则有:

$$u(\boldsymbol{x}) = \sum_{i=1}^{R} \mu_i z_i; \qquad (11-7)$$

如果选择规则输出的加权平均作为输出,则有:

$$u(\boldsymbol{x}) = \sum_{i=1}^{R} \mu_i z_i \Big/ \sum_{i=1}^{R} \mu_i \, \circ \qquad (11-8)$$

现在对 Scheme A、PID、PD、FLC 4 种控制方式进行比较,控制器参数选择如表 11-1 所示。从图 11-6 所示的响应曲线可以看出,仅使用 PD 控制时系统出现稳态误差;而 PID 控制虽然不存在稳态误差,但却存在最大的超调量;FLC 具有最缓慢的动态响应,虽然 K_u 取较大值会加快系统的瞬态响应,但当大于 0.5 时会导致切削力波动;控制方案 Scheme A(PD + FLC)比 FLC 响应快,比 PD 的稳态误差小。

表 11-1　Scheme A、PID、PD、FLC 参数选择

控制方式	K_p	K_i	K_d	K_e	K_{ce}	K_u
PID	0.0101	0.0476	0.0001	—	—	—
PD	0.05	—	0.001	—	—	—
FLC	—	—	—	0.05	0.001	0.5
Scheme A	0.05	—	0.001	0.05	0.001	0.5

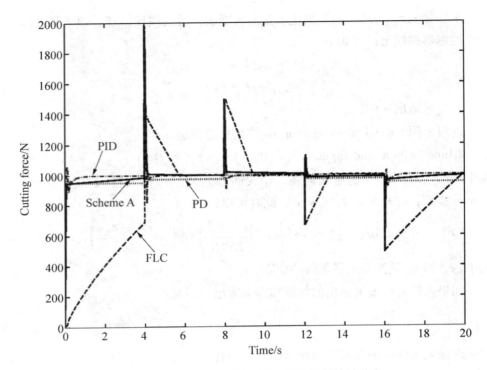

图 11 – 6　Scheme A、PID、PD、FLC 控制结果对比

　　然而，方案 A 需要由专家或根据经验来设定隶属度函数和模糊规则的参数。为了获得合适的性能，通常需要通过反复调试才能获得这些参数值。为了克服这一问题，可采用如图 11 – 3b 所示的具有学习能力的智能补偿控制器，比如 RBFNNC。此时 RBFNN 输出可表示为：

$$U(\boldsymbol{x}) = \sum_{i=1}^{N} w_i f_i(\boldsymbol{x}),\qquad\qquad (11-9)$$

　　其归一化输出可表示为：

$$U(\boldsymbol{x}) = \frac{\displaystyle\sum_{i=1}^{N} w_i f_i(\boldsymbol{x})}{\displaystyle\sum_{i=1}^{N} f_i(\boldsymbol{x})}。\qquad\qquad (11-10)$$

　　如果采用 RBF，则有：

$$f_i(\boldsymbol{x}) = \mu_{A_i}(x_1)\mu_{B_i}(x_2) = \exp\!\left(-\frac{\|x_1 - c_{A_i}\|}{\sigma^2}\right)\exp\!\left(-\frac{\|x_2 - c_{B_i}\|}{\sigma^2}\right)。\quad (11-11)$$

　　通过式(11 – 6)～式(11 – 8)和式(11 – 9)～式(11 – 11)比较，显然可见，如果 RBFNN 单元的个数等于模糊 if – then 规则的个数(即 N = R)以及 if – then 规则输出为常量，则模糊推理系统(FIS)和 RBF 神经网络存在性能等价性。因此，

FIS 或 FLC 均可以用 RBFNN 表示。

设 $W = [c, \sigma, w]^T$，其中 c 是 RBFNN 的中心矩阵；$\sigma = [\sigma_1, \sigma_2, \cdots, \sigma_N]^T$ 代表 RBF 方差向量；$w = [w_1, w_2, \cdots, w_N]^T$ 代表 RBFNNC 的线性输出层权重向量，此时式(11-9)可表示为：

$$U(\boldsymbol{x}) = \sum_i^N w_i f_i(\boldsymbol{x}) = Q(\boldsymbol{x}, \boldsymbol{W})_\circ \qquad (11-12)$$

RBFNNC 输出 u_2 可表示为：

$$u_2 = \int_t K_u \cdot U(\boldsymbol{x}) \mathrm{d}t = \sum_k K_u \cdot U(k) \cdot T_\circ \qquad (11-13)$$

式中，$U(k)$ 是连续时间函数 $U(\boldsymbol{x})$ 在 kT 时刻的离散值。

输入到对象的控制信号 u 由包含可调参数 W 的 $Q(\boldsymbol{x}, \boldsymbol{W})$ 输出 u_2 和 PD 控制器输出 u_1 组成，后者又用作 RBFNNC 的误差学习信号。通过在线反馈误差学习，对 RBFNNC 进行训练，以补偿受控对象的非线性/不确定性。参数 W 更新调节可由梯度法导出，其目标函数设置如下：

$$J = u_1^2 = \frac{1}{2}(u - u_2)^2, \qquad (11-14)$$

即有

$$W(k+1) = W(k) + \eta\left(-\frac{\partial J(k)}{\partial W(k)}\right) = W(k) + \eta\frac{\partial u_2(k)}{\partial W(k)}u_1(k), \qquad (11-15)$$

式中，η 是学习率。进一步通过链式求导，得到 RBFNNC 参数更新如下：

$$W(k+1) = W(k) + \eta \cdot K_u \cdot T \cdot \varphi \cdot u_1(k) = W(k) + \gamma \cdot \varphi \cdot u_1(k), \qquad (11-16)$$

$$c(k+1) = c(k) + \gamma \cdot W(k+1) \cdot u_1(k)\frac{\boldsymbol{x}(k) - \boldsymbol{c}(k)}{\sigma^2}, \qquad (11-17)$$

$$\sigma(k+1) = \sigma(k) + \gamma \cdot W(k+1) \cdot \varphi \cdot u_1(k)\frac{\|\boldsymbol{x}(k) - \boldsymbol{c}(k)\|^2}{\sigma^3(k)}, \qquad (11-18)$$

式中，$\gamma = \eta \cdot K_u \cdot T$。

可用 MATLAB 中的 newrbe 函数设计一个与 Sugeno 型模糊推理系统功能等效的两层 RBFNNC，此时 RBFNNC 可代替图 11-3 中的 FLC，并且具有学习能力。

11.2 模糊变结构控制

模糊变结构控制是一种混合控制器，它兼有模糊控制和变结构控制的优点，既解决了模糊控制的精度不高的问题，又可以削弱变结构控制的抖振问题。在变结构控制中，克服控制对象的不确定性与削弱抖振是一对矛盾。怎样折中解决这对矛盾，将抖振控制在允许的范围并保证系统的鲁棒性和稳定性是模糊变结构控制要解决的重点。

将式(6 - 12)改写为：

$$\mathrm{sat}(s) = \begin{cases} K_1 & \text{当 } s \geqslant \Delta \\ 1/\Delta & \text{当 } |s| < \Delta \\ -K_2 & \text{当 } s \leqslant -\Delta \end{cases} \qquad (11 - 19)$$

式中，$\Delta > 0$ 为可变边界层厚度（见图 11 - 7），$\hat{u}$ 对应等效控制 u_{eq}。

下面运用模糊逻辑推理来自适应调节边界层，当 $|S|$ 和 $|S'|$ 比较大时，边界层 Δ 也取大，反之则相反，得到如表 11 - 2 所示模糊控制规则表。采用与例 6 - 6 相同的模型，得到如图 11 - 8 所示的结果。

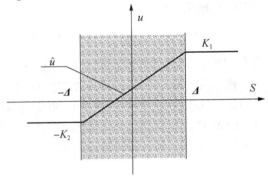

图 11 - 7 可变边界层示意图

表 11 - 2 模糊控制规则表

Δ		$|S|$			
		Z	PS	PM	PL
$|S'|$	Z	Z	PS	PM	PL
	PS	PS	PM	PL	PL
	PM	PM	PL	PL	PL
	PL	PL	PL	PL	PL

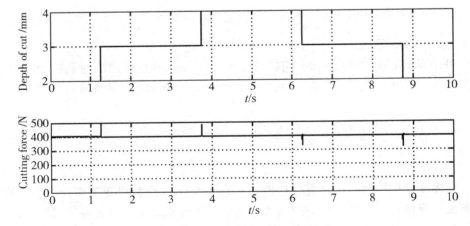

图 11 - 8 基于模糊边界层的变结构控制

12 加工过程控制实验

前面章节以理论推导和仿真实验为主，本章通过建立铣削加工闭环自动控制系统平台，实现实物机床在线的实时加工实验。MATLAB5.3 以上版本提供了对接口的数据采集模块和 Real-Time Workshop 实时开发环境。半实物仿真又称为硬件在回路仿真(hardware in the loop simulation, HILS)，即在计算机仿真回路中接入一些实物以取代相应部分的数学模型来进行的实验。半实物仿真是针对实际过程的仿真，又是实时进行的，所以也称为实时仿真。

12.1 铣削加工的半实物实验平台

数控铣床加工过程控制系统由控制器、数控铣床、工件、测力仪、电荷放大器和数据采集卡等组件构成，如图 12 – 1 所示。在该加工控制系统中，除了控制器和数据处理外，其他的实验系统组件均为实物，而控制器和数据处理均在MATLAB/Simulink 中实现，因而该加工过程控制系统是半实物实验系统。

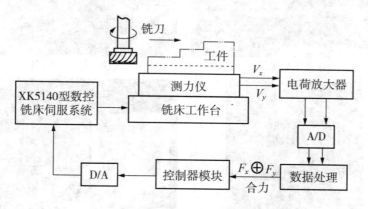

图 12 – 1 铣削加工过程控制实验系统

在加工实验过程中，测力仪检测到工件所受的切削力，以电压 V_x 和 V_y（x 轴方向和 y 轴方向）的形式输入到电荷放大器；电荷放大器将电压放大后经过PCI-1710数据采集卡 A/D 转换成数字信号；数字信号输入到计算机中，数据处理环节将电压信号转换为对应的切削力信号 F_x 和 F_y；控制器以力信号为反馈信号，当反馈的力信号与给定的目标值有偏差时，控制器起作用，输出系统的控制信号；控制信号经过 D/A 转换成模拟信号（进给电压），再输入到数控铣床的伺服驱动系统中以在线控制铣床的进给速度，通过改变进给速度来控制铣床的切削力。

实验系统的铣床采用 XK5140 型立式数控铣床，其他部分组件如下：

- 瑞士 KISTLER 公司制造的 9257A 型压电晶体测力仪和 5006 型电荷放大器。
- 美国 RELIANCE 公司生产的 MAX-400 型 PWM 伺服驱动装置和 E728 型进给伺服电机。
- 研华（ADVANTECH）有限公司生产的研华工控机和 12 位 PCI-1710 型 AD/DA 数据采集卡及 I/O 接口板。
- 控制器由 MATLAB/Simulink 模块组成。

数控铣床加工过程控制实验系统及组件如图 12 - 2 所示。

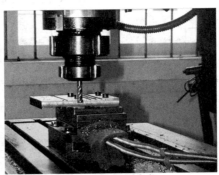

(a) 系统总览　　　　　　　　　　(b) 刀具及测力仪

(c) 伺服驱动装置（y 轴）　　　　　(d) 控制微机及采集卡接口板

图 12 - 2　加工过程控制实验系统及其组件

铣床是立式铣床，采用干铣方式。实验均在水平面上进行，工作台只有 x 方向和 y 方向的进给，因而测力仪检测到了切削合力 F 也只与这两个方向的分力 F_x 和 F_y 有关。

$$F = \sqrt{F_x^2 + F_y^2}。$$

12.1.1 加工过程半实物仿真

图 12-3 是由图 12-1 转化而来的控制系统框图。图中虚线方框部分即是铣削加工过程控制实验系统的实物组件，系统将控制铣床以一个恒定的切削力来铣削工件。

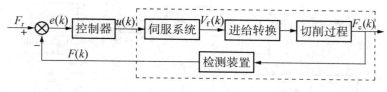

图 12-3 控制系统框图

由于在回路中接入实物，硬件在回路仿真系统中必须实时运行，因此半实物仿真系统可以归纳为以下几部分：仿真计算机系统(程序、数据等)、各种接口设备、环境模拟设备(角运动仿真器、负载仿真器等)、被测实物、支持服务系统(显示、记录、文档等)。

12.1.2 Simulink 外部模式下实现半实物仿真

MATLAB 的 Simulink 提供了一个把控制对象和控制模型图形化的环境。Simulink 有两种仿真模式：Normal Mode 和 External Mode。其中 External Mode(外部模式)用于运行实时模型，支持在线调整参数。这种模式包括两个不同的环境：主机(host)和目标机(target)。主机是 MATLAB 和 Simulink 运行的计算机；目标机是指用 Real-Time Workshop(RTW)生成的可执行文件运行的计算机。MATLAB5.3 以上版本提供了对接口的数据采集模块，并提供了实时开发环境(RTW)，RTW 作为 Simulink 的一个重要功能模块，能直接从 Simulink 的模型中产生程序源代码，支持第三方的硬件和工具。在 Simulink 下建立的实时数据采集及控制模型，其优先权仅次于系统优先权，有效地保证了数据采集及处理的实时性。外部模式通过在 Simulink 和 Real-Time Workshop 生成的代码之间建立一个通信通道进行工作。这里所进行的半实物仿真实验的主机和目标机使用同一台计算机。

　　在 Simulink 外部模式下实现实时控制，在硬件上需要 PC 机以及 AD/DA 数据采集卡；在软件上需要 MATLAB 软件以及 RTW、Real-Time Windows Target（RTWT）、Simulink 等工具箱。

　　根据图 12 - 1 和图 12 - 3 的系统框图，使用 Simulink 中的模块建立数控铣床铣削加工的半实物仿真实验控制模型，如图 12 - 4 所示。

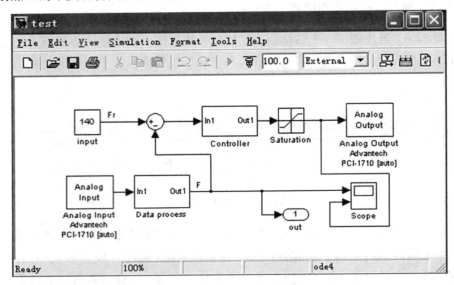

图 12 - 4　数控铣床铣削加工的半实物仿真实验控制模型

　　图 12 - 4 中，Analog Input 是输入模块，测力仪将检测到的力信号转化成电压信号，这种电压信号是模拟信号，必须经过 A/D 转换，转换成数字信号才能输入到计算机中，Analog Input 模块就是从 PCI-1710A/D 数据采集卡的 I/O 接口板中读取数据，并将数据转化成数字信号，经过处理转换后作为控制系统的反馈信号。Analog Output 是输出模块，控制器的输出结果经过 PCI-1710D/A 数据采集卡的 I/O 接口板将数字信号转换成模拟信号，这个模拟信号就是数控铣床伺服系统的伺服控制电压。Data process 是数据处理模块，将电压信号转换成对应的力信号。Saturation 是饱和模块，用于限制伺服电压，以防止伺服电压过大造成铣床的进给速度过快而使得切削力过大损坏刀具。

　　另外，为了使用 MATLAB 的实时工具，需要设置 MATLAB 的实时仿真环境，在 Command Window 中运行 rtwintgt-setup 命令建立 Real-Time Windows Target kernel。

12.2 模型参数设置及系统标定

12.2.1 模型参数设置

使用 MATLAB 提供的外部模式以进行实时控制，需要对图 12 - 4 的控制模型进行以下设置：

在 Simulation 菜单下选择 External 选项，设置为外部模式。

双击 Analog Input 模块设置模拟输入的属性，在 Analog Input 属性页中加载研华 Advantech 的 PCI-1710 数据采集卡，采样时间设为 0.01s，采集卡的模拟输入通道选择通道 1 和通道 2，分别用于采集水平面内 x 方向和 y 方向的数据，如图 12 - 5 所示。此时，Analog Input 模块下方出现 Advantech PCI-1710 的标签。对于输出的 Analog Output 模块也做类似设置，模拟输出通道选择通道 1。

图 12 - 5　Analog Input 模块属性设置

在 Simulation 菜单的 Configuration Parameters 对话框的 Solver 页中设置 Solver options 项的 type 为 Fixed-step（定步长）；Fixed-step size 项设定为已定的采样时间；Simulation time 项的 Stop time（仿真结束时间）设定一个较大的结束时间；Tasking mode for periodic sample times 项选择 SingleTasking。

在 Simulation Parameters 对话框的 Real-Time Workshop 页中，Target selection 选项的 RTW System target file 通过 Browse 按钮选择 rtwin. tlc 文件。

当实时运行模型时，Real-Time Workshop 从 I/O 接口板输入通道中采集数据，作为模型的反馈输入，然后进行处理数据，再通过 I/O 接口板的输出通道输出。控制系统模型由 MATLAB 编译器自动生成 C/C ++ 语言代码。要进行半实物实时仿真实验时，选择菜单 Tools/Real-Time Workshop/Build Model，编译器将系统模型转化成 C 语言源程序及可执行的目标文件，MATLAB 的 Command Window 显示编译成功后，再选择 Simulation/Connect to Target 项以连接目标文件，完成后就可以选择菜单 Simulation/Start Real-Time code 项来实时运行系统模型进行加工实验了。

12.2.2　系统设备标定

为了进行数控铣床的加工实验，还必须对系统的设备进行标定。标定的内容主要有测力仪/电荷放大器标定和进给速度标定。

1. 测力仪/电荷放大器标定

如前所述，测力仪将检测到的切削力以电压信号的形式输入到电荷放大器中，A/D 数据采集卡再将放大的电压信号输入到计算机中。因此，必须在计算机中经过数据处理将电压信号还原成力信号，图 12 - 4 中的 Data process 模块就是实现这一功能的。

测力仪/电荷放大器标定模型如图 12 - 6 所示，运行该标定模型并在测力仪中加载一个 y 方向的力，这个力经过电荷放大器后将在示波器中显示出对应的电压信号(显示的波形如图 12 - 7 所示)。根据给定的力和所测得电压信号，即可拟合出 y 方向的力与电压的关系。

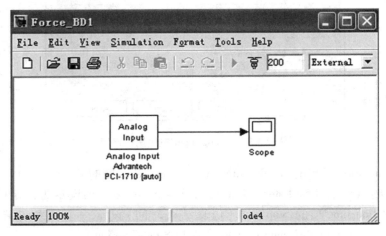

图 12 - 6　测力仪/电荷放大器标定模型

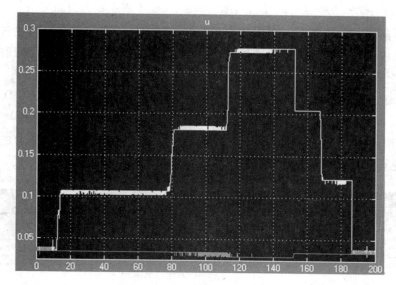

图 12 - 7　测力仪/电荷放大器标定波形

通过数学处理和曲线拟合，得到切削力与电荷放大器输出电压的关系为：

$$F_y = 356.3636V_y + 4.4623 \ ,$$

式中，F_y 为测力仪测得 y 方向的实际受力；V_y 为电荷放大器的输出。以同样的方法，可以得到 x 方向的切削力与电压关系为：

$$F_x = 332.7264V_x + 6.7194 \ 。$$

得到了切削力与电压的关系后，就可以在 Data process 模块上实现转换。Data process 模块实际上是一个子系统，其内部结构如图 12 - 8 所示。A/D 采集卡使用了两个模拟输入通道来采集 x 方向和 y 方向的受力情况，因而输入到 Data process 模块的数据是二维的数据，转换成力信号后再求合力。在图 12 - 8 中，采用一定时间间隔的切削合力的平均值作为控制系统的反馈输入，这个时间间隔就是控制周期 T_c；缓冲模块 Buffer 存储 10 个合力数据后，就通过 Mean 模块求一次合力平均值。因此，若采样周期为 T_s，则 $T_c = 10T_s$。

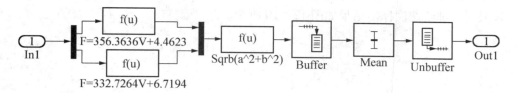

图 12 - 8　数据处理子系统

2. 进给速度标定

为了防止在加工实验过程中伺服系统的控制电压过高导致进给速度过快而损坏刀具，应该进行控制电压和进给速度的标定，并在实验系统加入限幅装置以限制铣床工作台的进给速度。

进给速度标定模型如图 12 –9 所示，计算机输出控制器伺服电压，D/A 采集卡将伺服电压转化成模拟量输入到伺服系统中控制铣床的进给速度。图中 Constant 模块输出伺服电压，运行进给速度标定模型并检测铣床工作台的进给速度。改变 Constant 的伺服电压，可以测得一组对应的进给速度。

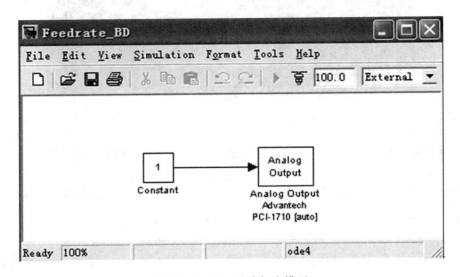

图 12 – 9　进给速度标定模型

将测得的伺服电压和进给速度进行拟合，得到进给速度与伺服控制电压的关系为：

$$V_f = 439.2842u + 15.3832 ，$$

式中，V_f 为工作台的进给速度，mm/min；u 为伺服控制电压，V。这样，要限制工作台的进给速度，就可以通过在图 12 – 4 的 Saturation 模块中设置一个上限值来限制。进给速度标定结果如图 12 – 10 所示。

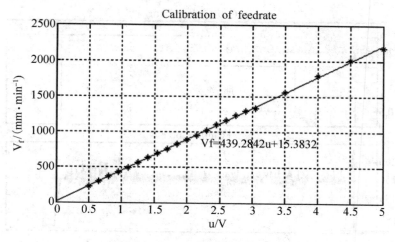

图 12 – 10　进给速度标定结果

12.3　加工过程控制实验

实验 12 – 1　QFT 控制

实验条件：刀具：高速钢（HSS）立铣刀，直径 $d = \phi 12\text{mm}$，齿数 $z = 3$；

工件材料：45 钢；

主轴转速：$n = 600\text{r/min}$；

目标切削力：$F_r = 150\text{N}$；

最大进给速度：$V_f = 150\text{mm/min}$；

采样周期：0.01s；

控制周期：0.1s；

切削深度：$a = 1 \rightarrow 2 \rightarrow 3(\text{mm})$。

实验结果如图 12 – 11 所示。当铣刀空进时，由于没有切削力，控制进给速度的伺服电压将迅速上升，工作台的进给速度也很快就达到了最大值 150mm/min（即伺服电压为 0.3V）。当铣刀切削工件时切削力产生突变，并产生一定的超调量，切削力大于目标值，在控制器的作用下，伺服电压和进给速度开始下降，直到切削力稳定在设定的目标值上。当加工第二和第三个阶梯时，为了使切削力与目标值一致，控制器将进一步减小铣床的伺服进给电压。实验结果表明，QFT 控制具有较好的鲁棒性。

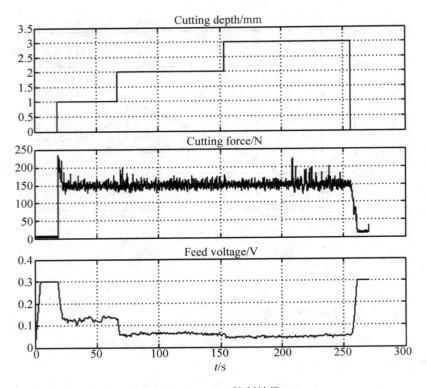

图 12 - 11　QFT 控制结果

实验 12 - 2　变结构控制

实验条件：刀具：柱柄高速钢(HSS)立铣刀，$d = \phi 12\text{mm}$，$z = 3$，$\beta = 30°$；

刀具磨损状况：新刀，无磨损；

铣削方式：对称逆铣

工件材料：$45^{\#}$钢

主轴转速：$n = 600\text{r/min}$；

铣削宽度：$a_w = 12\text{mm}$；

采样周期：$T_s = 0.01\text{s}$；

控制周期：$T_c = 0.1\text{s}$；

设定切削力：$F_r = 200\text{N}$；

设定最大进给速度：$V_f = 180\text{mm/min}($等效电压为 $0.38\text{ V})$；

切削深度：$a = 1.5 \rightarrow 2.5 \rightarrow 3.5(\text{mm})$。

加工实验控制结果如图 12 - 12 所示。

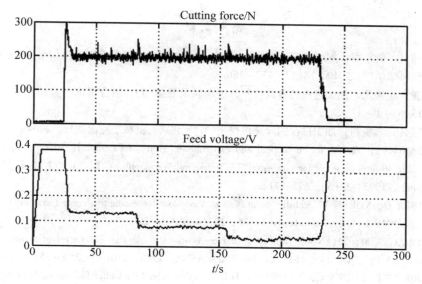

图 12 – 12 常规变结构控制结果

实验 12 – 3 基于可变边界层的模糊变结构控制

实验条件：

刀具：柱柄高速钢（HSS）立铣刀，$d = \phi 12\text{mm}$，$z = 3$，$\beta = 30°$；

刀具磨损状况：新刀，无磨损；   控制周期：$T_\text{c} = 0.1\text{s}$；

铣削方式：对称逆铣；   设定切削力：$F_\text{r} = 200\text{N}$；

工件材料：$45^{\#}$ 钢；   设定最大进给速度：$V_\text{f} = 180\text{mm/min}$

主轴转速：$n = 600\text{r/min}$；   （等效电压为 0.38V）；

铣削宽度：$a_\text{w} = 12\text{mm}$；   切削深度：$a = 1 \to 2 \to 1（\text{mm}）$。

采样周期：$T_\text{s} = 0.01\text{s}$；

控制实验结果如图 12 – 13 所示。

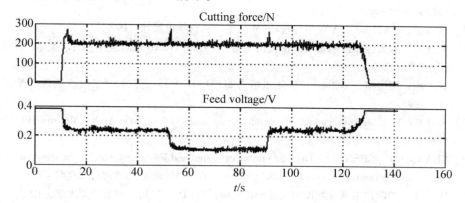

图 12 – 13 基于可变边界层的模糊变结构控制结果

参 考 文 献

[1] 姚锡凡，姚小群，刘璨，等. 不确定性加工过程控制的发展与实例分析[J]. 应用基础与工程科学学报，2010，18(1)：177－186.

[2] 张毅，姚锡凡. 加工过程的智能控制方法现状及展望[J]. 组合机床与自动化加工技术，2013(4)：1－3；8.

[3] 姚锡凡，常少莉. 加工过程的计算机控制[M]. 北京：机械工业出版社，2004.

[4] HUANG S J, Yan M T. Theoretical and experimental study of PI control, adaptive control and variable structure control for converted traditional milling machines[J]. Int. J Mach. Tools & Manuf. , 1993, 33(5)：695－712.

[5] MASRY O, KOREN Y. Stability of analysis of a constant force adaptive control system for turning [J]. ASME J. Eng. for Industry, 1985, 107(4)：295－299.

[6] TOMIZUKA M, ZHANG S. Modeling and conventional/ adaptive PI control of a lathe cutting process[J]. J. Dyn. Syst. Meas. Control-Trans. ASME, 1988, 110(4)：350－354.

[7] ROBER S J, SHIN Y C, NWOKAH O D I. A digital robust controller for cutting force control in the end milling process [J]. J. Dyn. Syst. Meas. Control-Trans. ASME, 1997, 119(2)：146－152.

[8] KIM S I, LANDERS R G, ULSOY A G. Robust machining force control with process compensation[J]. J. Manuf. Sci. Eng-Trans. ASME, 2003, 125：423－430.

[9] 陈维山，赵杰. 机电系统计算机控制[M]. 哈尔滨：哈尔滨工业大学出版社，1999.

[10] (美)尤兰·柯仁. 机械制造系统中的计算机控制[M]. 姜亦深，吴季良，周琳，译. 北京：机械工业出版社，1988.

[11] FUSSELL B K, SRINVASAN K. Adaptive control of force in end milling operation－an evaluation of available algorithms[J]. J. Manufact. Systems, 1991, 10(1)：8－20.

[12] 倪其民，李祥，伍俊. 加工过程约束型自适应控制方法综述[J]. 机床与液压，2001 (2)：3－6.

[13] 张红卫，叶庆凯. 关于控制系统计算机辅助设计研究进展[M]. 控制理论与应用，1998，15(5)：649－655.

[14] 蒙以正. MATLAB 5. X 应用与技巧[M]. 北京：科学出版社，1999.

[15] 陈在平，杜太行. 控制系统计算机仿真与 CAD：MATLAB 语言应用[M]. 天津：天津大学出版社，2001.

[16] 张志涌，刘瑞桢，杨祖樱. 掌握和精通 MATLAB[M]. 北京：北京航空航天大学出版社，1997.

[17] KOREN Y. Computer control of manufacturing system[M]. New York：McGraw-Hill Book Company, 1983.

[18] CHANG Y F, CHEN B S. The VSS controller design and implementation for the constant turing force adaptive control system[J]. Int. J. Mach. Tools Manufact. , 1988, 28(4)：373－387.

[19] 姚锡凡. 智能加工系统的模糊与神经自适应控制[D]. 广州：华南理工大学，1999.

[20] LAUDERBAUGH L K, ULSOY A G. Dynamic modeling for control of the milling process.

sensor and control for manufacturing[J]. ASME, 1985, 18(PED): 149 – 158.

[21] 龙成和, 姚锡凡. 加工过程的切削力模拟[J]. 组合机床与自动化加工技术, 2000(5): 17 – 19.

[22] 黄忠霖. 控制系统 MATLAB 计算及仿真[M]. 北京: 国防工业出版社, 2001.

[23] 刘金琨. 先进 PID 控制及其 MATLAB 仿真[M]. 北京: 电子工业出版社, 2001.

[24] 薛定宇. 反馈控制系统设计与分析——MATLAB 语言及应用[M]. 北京: 清华大学出版社, 2001.

[25] 陶永华, 尹怡欣, 葛芦奥. 新型 PID 控制及其应用[M]. 北京: 机械工业出版社, 1998.

[26] 薛安克. 不确定系统的鲁棒最优控制及工程应用研究[D]. 杭州: 浙江大学, 2000.

[27] 高为炳. 变结构控制的理论及设计方法[M]. 北京: 科学出版社, 1998.

[28] 姚琼荟, 黄继起, 吴汉松. 变结构控制系统[M]. 重庆: 重庆大学出版社, 1997.

[29] 邹伟全, 姚锡凡, 刘志良. 不确定性加工过程的变结构控制[J]. 组合机床与自动化加工技术, 2005(8): 52 – 54.

[30] 邹伟全, 姚锡凡, 刘志良. 铣削加工过程的变结构控制[J]. 机械制造, 2006(03): 51 – 52.

[31] 邹伟全, 姚锡凡. 滑模变结构控制的抖振问题研究[J]. 组合机床与自动化加工技术, 2006(01): 53 – 55.

[32] HOROWITZ I. Survey of quantitative feedback theory (QFT)[J]. International Journal of Control, 1991, 53(2): 255 – 291.

[33] 刘志良, 姚锡凡. 基于 QFT 的不确定性加工过程计算机控制[J]. 机械制造, 2006(06): 22 – 24.

[34] 冯纯伯, 史维. 自适应控制[M]. 北京: 电子工业出版社, 1986.

[35] 彭永红. 加工过程神经网络与模糊控制研究[D]. 广州: 华南理工大学, 1995.

[36] PITSTRA W C, PIEPER J K. Controller designs for constant cutting force turning machine control[J]. ISA Transactions, 2000 (39): 191 – 203.

[37] 谢新民, 丁锋. 自适应控制系统[M]. 北京: 清华大学出版社, 1999.

[38] 彭永红, 姚锡凡, 陈统坚, 等. 非最小相位加工过程的极点配置自校正控制[J]. 中国机械工程, 2002(8): 706 – 710.

[39] WU Zhongshan. Simulation study and instability of adaptive control [D]. ShenYang: Northeastern University, 2001.

[40] 刘强, 王惠文, Altintas Y. 铣削过程在线辨识与极点配置自适应控制[J]. 航空学报, 1999(5): 435 – 439.

[41] 李棠, 于随然, 王春, 等. 数控切削自适应控制[J]. 大连理工大学学报, 1995(3): 352 – 356.

[42] 常少莉. 加工过程信息熵优化控制[D]. 广州: 华南理工大学, 2005.

[43] 王俊普. 智能控制[M]. 合肥: 中国科学技术大学出版社, 1996.

[44] 赖序年. 切削加工过程的模糊智能控制仿真研究[D]. 广州: 华南理工大学, 2003.

[45] 姚锡凡, 彭永红, 陈统坚, 等. 加工过程的复合自适应模糊控制[J]. 中国机械工程, 1998, 9(10): 55 – 56.

［46］姚锡凡，彭永红，陈统坚．基于模糊芯片的加工过程智能控制［J］．组合机床与自动化加工技术，2000（12）：26 - 29.

［47］YAO X, CHEN T. Application of fuzzy-chip-based control to milling//Proceedings of 2nd IFAC Conference on Mechatronic Systems. Berkeley, CA, 2002.

［48］YAO X. Fuzzy-chip-based control and its application to adaptive machining［J］. J. Dyn. Syst. Meas. Control-Trans. ASME, 2003, 125（1）: 74 - 79.

［49］HUANG S J, Shy C Y. Fuzzy logic for constant force control of end milling［J］. IEEE Trans. on Industrial Electronics, 1999, 46（1）: 169 - 176.

［50］JEE S, KOREN Y. Adaptive fuzzy logic controller for feed drives of a CNC machine tool［J］. Mechatronics, 2004, 14: 299 - 326.

［51］PSALTIS D, SADERIS A, YAMAMURA A A. A multilayered neural network controller［J］. IEEE Control System Magazine, 1988, 8（2）: 17 - 21.

［52］王永骐，涂健．神经元网络控制［M］．北京：机械工业出版社，1998.

［53］姚锡凡，陈统坚，李伟光，等．基于神经网络的加工过程模型辨识［J］．机床与液压，1999（4）：7 - 8，68.

［54］YAO X, CHEN T, PENG Y, et al. Neural networks based adaptive control of machining processes//Proceedings of ICAM［M］. New York: Science Press, 1999: 46 - 50.

［55］ZHANG Y, SEN P, HEARN G E. An on-line trained adaptive neural controller［J］. IEEE Control System Magazine, 1995, 15（5）: 67 - 75.

［56］TANG Y S, HUANG S T, WANG Y S. A neural network controller for constant turning force ［J］. Int. J. Mach. Tools Manufact. , 1994, 34（4）: 453 - 460.

［57］YEH Z M, TARNG Y S, NIAN C Y. A self-organizing neural fuzzy logic controller for turing operations［J］. Int. J. Mach. Tools Manufact. , 1995, 35（10）: 1363 - 1374.

［58］易继锴，侯媛彬．智能控制技术［M］．北京：北京工业大学出版社，1999.

［59］刘永正．专家控制技术与智能控制理论的发展［J］．自动化仪表，1997，18（7）：1 - 7.

［60］孙增圻，张再兴，邓志东．智能控制理论与技术［M］．北京：清华大学出版社，1997.

［61］LINGARKAR R, LI LIU, ELBESTAWI M A, et al. Knowledge-based adaptive computer control in manufacturing systems: a case study［J］. IEEE Trans. on SMC, 1990, 20（3）: 606 - 618.

［62］YAO X, ZHANG Y, LI B, et al. Machining force control with intelligent compensation［J］. International Journal of Advanced Manufacturing Technology, 2013, 69（5 - 8）: 1701 - 1715.

［63］邹伟全．加工过程的模糊变结构控制研究［D］．广州：华南理工大学，2006.

［64］刘志良．基于 QFT 的不确定性加工过程控制［D］．广州：华南理工大学，2006.